テレビ情報誌のメディア史

—興亡の歴史と未来—

目次

序章 テレビ情報誌誕生前夜

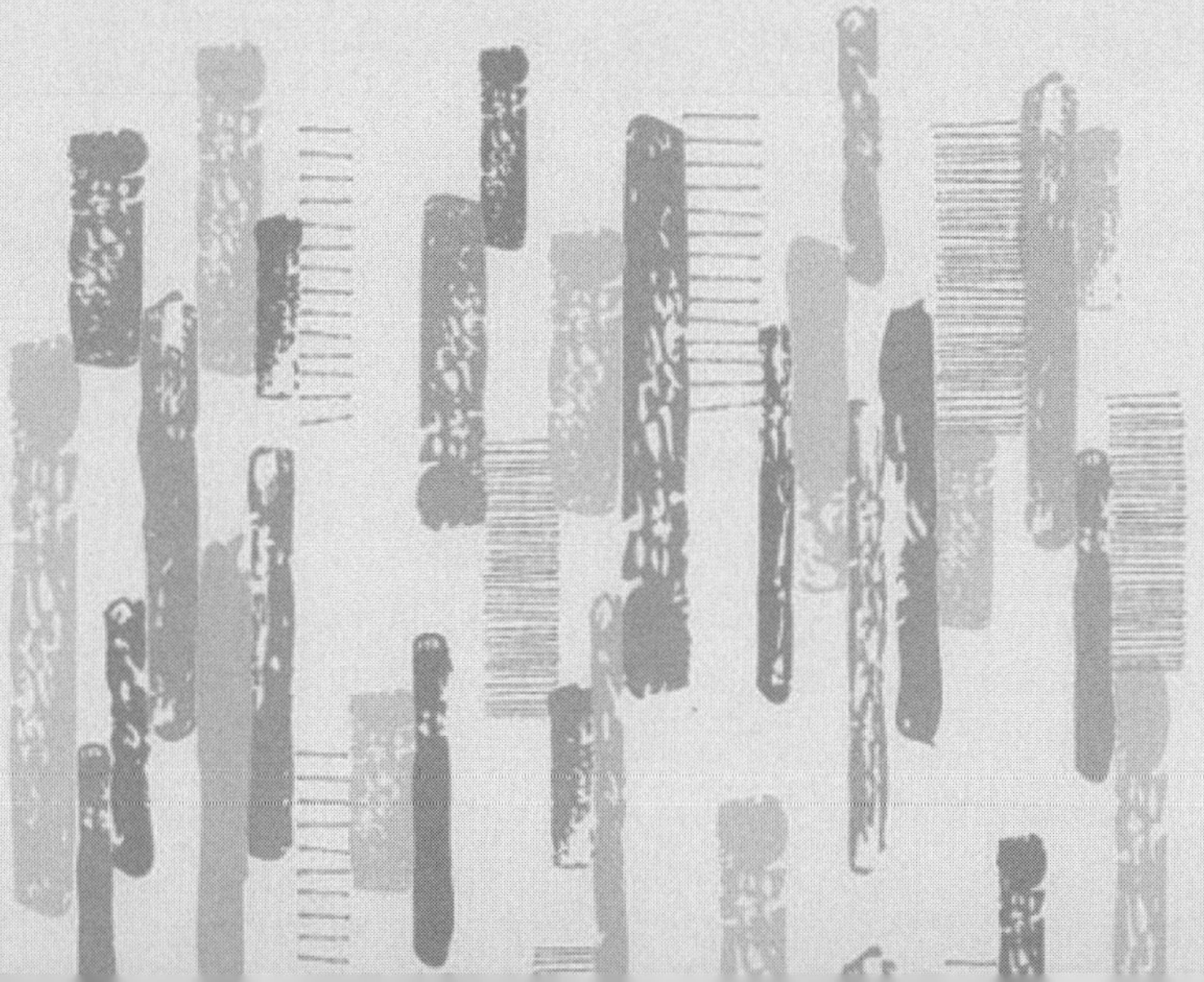

テレビ情報誌とは何か

テレビ情報誌と言うと、どんな雑誌を思い浮かべるだろうか。

「昔、よくお正月に買って読んでいた」という人も多いかもしれない。確かに、かつては、年末になると『TVガイド』や『ザテレビジョン』の正月特大号の発売を告げるテレビCMもよく目にした。その時期の書店店頭は各社のテレビ情報誌で埋め尽くされ、年末年始はテレビ情報誌を見ながらテレビを囲んで一家団欒《だんらん》といった光景が、日本中で多く見られた。そんなテレビ情報誌は、現在どういう状況にあるのだろうか。

多くの人にとっては「昔、よく読んでいた」という認識かもしれない、番組表を掲載しているいわゆるテレビ情報誌と呼ばれる雑誌だが、2023年10月時点で、実に12誌が書店流通をしている。その内訳は、週刊誌1誌、隔週刊誌2誌、月刊誌9誌となり、雑誌業界において一大ジャンルを築いている（表1）。このほかにも書店流通はしていない直販のみのテレビ情報誌や、フリーマガジン、生命保険会社等のノベルティー、ケーブルテレビ局のための情報誌なども存在している。かつては、『東京ウォーカー』など多くのタウン情報誌にもテレビ番組表が掲載されてい

表1／番組表掲載テレビ情報誌一覧（書店流通誌のみ、2023年10月現在）（日本雑誌協会『マガジンデータ2021』、メディアリサーチセンター『雑誌新聞総かたろぐ　2019年版』を参照して筆者作成）

	雑誌名	発行形態	創刊年月	出版社
1	週刊TVガイド	週刊	1962年8月	東京ニュース通信社
2	TV LIFE	隔週刊	1983年3月	ワン・パブリッシング
3	TV station	隔週刊	1987年9月	ダイヤモンド社
4	月刊ザテレビジョン	月刊	1995年3月	KADOKAWA
5	デジタルTVガイド	月刊	2001年5月	東京ニュース通信社
6	月刊TVnavi	月刊	2003年3月	産経新聞出版
7	月刊TVfan	月刊	2007年4月	メディアボーイ
8	おとなのデジタルTVナビ	月刊	2009年11月	産経新聞出版
9	月刊TVガイド	月刊	2011年1月	東京ニュース通信社
10	月刊スカパー!	月刊	1998年6月	ぴあ
11	スカパー!TVガイドプレミアム	月刊	1998年6月	東京ニュース通信社
12	スカパー!TVガイドBS+CS	月刊	2002年6月	東京ニュース通信社

た。

あらためて、テレビ情報誌とは何か。

一般的に、テレビ情報誌とは、テレビ番組表を掲載し、おすすめ番組等を紹介する雑誌媒体のことを言う。週刊誌、隔週刊誌、月刊誌があり、その発行サイクルによって、掲載される番組表の期間が、１週間分、２週間分、１カ月分と異なっている。

昨今は、出版不況と言われている。特に雑誌の落ち込みは激しく、出版科学研究所の発表によると、２０１６年に雑誌の販売金額が41年ぶりに書籍を下回った（註１）。

テレビ情報誌も、２０２２年３月に『ＮＨＫウィークリーステラ』（ＮＨＫサービスセンター）、２０２３年３月に『週刊ザテレビジョン』（ＫＡＤＯＫＡＷＡ）といった週刊誌２誌がそれぞれ休刊となっている。それでも月刊誌を中心に、これだけの数の雑誌が流通していることは特筆すべきことである。しかもテレビ番組表に関しては、テレビ情報誌誕生以前から、新聞に毎日掲載されている。さらに２０１１年に地上波がデジタル化されてからは、ＥＰＧ（Electric Program Guide・電子番組表）によって、テレビ画面上でも容易に番組表を見られるようになった。にもかかわらず、雑誌という形でこれだけの数が流通しているのだ。

テレビ情報誌を買ってまで、テレビ視聴を積極的に楽しもうとする層、いわば「テレビウォッチャーとしてのエリート」とも呼ぶべき人たちに支えられている雑誌が、テレビ情報誌と言えるのではないだろうか。

本書では、そのテレビ情報誌誕生から興亡の歴史と現在をひもといて、これからのテレビとテレビ情報誌を考えてみたい。

アメリカで生まれたテレビ情報誌

「テレビウォッチャーとしてのエリート」であるテレビ視聴を積極的に楽しもうとする層の需要に応えたメディアが、１９５３年にアメリカ合衆国で誕生した雑誌『ＴＶ ＧＵＩＤＥ（テレビガイド）』である（註２）。

アメリカのテレビ放送は、1941年7月1日からニューヨークでCBS系のWCBW、NBC系のWNBTから始まった（註3）。有馬哲夫の『テレビの夢から覚めるまで―アメリカ1950年代テレビ文化社会史』によれば、1950年のアメリカでのテレビの家庭普及率は9％であったが、1960年にはおよそ10倍の87％まで伸びている（註4）。『TV GUIDE』は、まさにテレビの普及率が著しく上がった年代とともに大きくなっていった雑誌である。

カナダ出身の英文学者、マーシャル・マクルーハンは「テレビが登場して以来、実に多くのものが様変わりした。映画だけでなく、全国規模の雑誌も、この新メディアから大打撃をうけた。」（註5）としている。さらに、「テレビに対抗するためには、たとえば印刷のような、それと関連のあるメディアの解毒剤をもってこなければならない。」（註6）とも記している。アメリカで誕生したテレビ情報誌『TV GUIDE』は、まさにこれに合致するものであった。

1953年に創刊した雑誌『TV GUIDE』は、〝テレビの時代〟である1960年から1978年の間に、それまでのファン雑誌から、きちんとした尊敬される雑誌へと変革していく（註7）。

アメリカの『TV GUIDE』創刊の経緯は、『*TV guide, the first 25 years*』において、『TV GUIDE』エディトリアル・ディレクター（当時）のメリル・パニットによるINTRODUCTIONにおおむね次のように記されている（註8）。

1952年11月、フィラデルフィアの新聞である『ブルティン』紙に載った『TVダイジェスト』の全面広告を見たトライアングル・パブリケーションズ社長のウォルター・H・アネンバーグから、メリル・パニットに「『TVダイジェスト』の部数は180万部と書いてあるが、本当なのか」という電話がかかってきたという。「ABC考査の数字なので間違いない」と答えると、「『TVダイジェスト』のような雑誌はほかにもあるのか」と聞かれた。パニットが「ニューヨークで『TV GUIDE』が約40万部、シカゴで『TVフォアキャスト』が約10万部出ている」と答えると、「全国向けの記事や写真をフィラデルフィアにあるわが社のグラビア印刷工場に集めて、全国向けのカラーページを印刷し、それぞれの地域で印刷した番組表と合わせて1冊の雑誌にして全国向けに販売したらどうだろうか」という提案を受けた。やがて、アネンバーグは各誌を買収し、1953年4月、『TV GUIDE』として156万部で創刊した（註9）。

小学館海外研究室長だった金平聖之助は、アメリカで生まれた『TV GUIDE（TVガイド）』が世界中に広がっていることを、次のように記している。

「TVガイド」にヒントを得て創刊された雑誌としては、わが国の同名の週刊誌をはじめとして、フランスの「テレ7ジュール」「テレ・ポッシェ」、西独の「ホールツー」「TV・ホーレン・ウント・ゼーヘン」、イギリスの「TVタイムズ」などが直ちに指摘されるが、しかも、その大半が二〇〇万から四〇〇万部近くの売上げを達成し、それぞれの国の雑誌界においてベスト・ワンの地位を獲得している例も珍しくない程だ。（註10）

間違いなく、テレビ情報誌の先駆者はアメリカの『TV GUIDE』であるが、評論家の小野耕世はこの雑誌が例外的な扱いを受けている例を紹介している。

五〇年代に創刊された雑誌のなかで、最も成功したものは――ということになると、「プレイボーイ」と「マッド」というのだが、そう記したアメリカの雑誌記事のなかでも、ただし、「TVガイド」は別として――という註釈がつくのだ。週刊誌でいちばん発行部数が多いのは「ナショナル・インクワイヤラー」であると述べた記事のなかでも、やはり、「TVガイド」を除いて、というただしがきがつけられる、というありさまで、逆にそのことによって、この週刊情報誌の特殊な性格が、はっきりする。（註11）

これは『TVガイド（TV GUIDE）』が雑誌というよりも、鉄道の時刻表的なニュアンスでとらえられているということであると指摘している（註12）。その傾向は日本でも少なからずあり、テレビ情報誌はこれまで「雑誌」として認識されることは少なかったのではないだろうか。

アメリカの『TV GUIDE』に関しては、金平が、誕生の歴史と、1970年代の終わりころからケーブルTVの普及により、その繁栄にかげりが見え始めたことについて言及している（註13）。

アメリカでは、1959年から1970年に『TV GUIDE』に掲載された代表的な記事をジャンルごとに選んでB・コールが編集した『*TELEVISION : A Selection of Readings from TV Guide Magazine*』という書籍も発行されている。さらに1990年代に入ってからは、『TV GUIDE』を研究したG・アルトシュラーとD・グロスフォーゲルの共著による『*Changing Channels: America in TV Guide*』が発行された。この書籍では、『TV GUIDE』の創刊から1990年代までの変遷と、『TV GUIDE』の記事における人種問題や女性問題等を分析している。日本の『TVガイド』に関しては、番組表を通して時代を見ていくといった研究はあるが（註14）、記事そのものに対する分析はあまり例がない（註15）。

新聞にラジオ番組表が誕生

わが国のテレビ情報誌の歴史をひもとく前に、番組表の始まりともいえる新聞の番組表はどんな変遷を辿ってきたのか、朝日新聞と読売新聞の新聞記事データベース（『聞蔵Ⅱ』、『ヨミダス歴史館』）、および縮刷版から、東京版の紙面で考察してみたい。

日本の放送の始まりは１９２５年３月１日、ＪＯＡＫ東京放送局（のちのＮＨＫ）が芝浦高等工芸学校内で行った試験放送が最初である。大正14年のことだ。

当時の新聞を見ると、同年２月14日付朝日新聞に「ラヂオ放送の時間割　三月一日から」という見出しで、記事として放送内容が出ている。当時、「ラジオ」は「ラヂオ」と表記されていた。放送開始の３月１日付からは罫《けい》囲みで「けふのプログラム」というタイトルでその日の放送内容が掲載されているが、普通に縦組みの囲み記事で、まだ現在のような番組表の形になってはいない。

同年３月22日午前９時より、ラジオは本放送を開始した。それまで東京放送局は芝浦高等工芸学校から放送を行っていたが、芝の愛宕山に放送局が完成し、７月12日より放送が開始された。愛宕山は、現在ＮＨＫ放送博物館になっている。この時点で聴取契約数は、すでに数万件に達していた（註16）。

国民に人気が出てきたラジオ放送に、いち早く対応したのは読売新聞だった。本放送開始から９カ月後の11月15日付より２ページを使って「よみうりラヂオ版」というページを始めている。トップ記事は「逓相が政務の暇々に家庭で楽しむラヂオ」という見出しで、放送事業の元締めである安達謙蔵逓信大臣の夫人・ユキさんへのインタビューだった。また、ＪＯＡＫで働く人を取り上げたコーナーや、「きょうの放送歌詞」という放送予定の童謡の歌詞を載せたコーナー、ラジオ受信機の仕組みについて解説した「ラヂオ入門」といった読み物記事と、その日の番組表が掲載されている。番組表は横組みでＪＯＡＫ（東京）とＪＯＢＫ（大阪）を掲載している。次ページには「紙上放送」と題して演劇台本の掲載や、ラジオに関する読者投稿欄、放送局に対しての質問等を受け付ける「ラヂオ問答」など、ラジオに関するありとあらゆる記事が掲載されている。

対する朝日新聞は、放送開始のころとあまり変化のない縦組みの番組案内が続くが、１９４７年6月16日付で、ようやく現在の形に近い、横組みの番組表に変更となった

１９５１年になると、９月１日に名古屋で中部日本放送、大阪で新日本放送（現・毎日放送）が放送を開始し、いよいよ民間放送の時代が始まった。

東京では12月25日にラジオ東京（現・ＴＢＳラジオ）が開局、番組表もＮＨＫとラジオ東京が2段で掲載されるようになる。１９５２年3月31日に日本文化放送（現・文化放送）、１９５４年7月15日にニッポン放送がそれぞれ開局、放送局数も増え、ラジオの番組表は現在のテレビ欄並みのスペースを取って紹介されるようになっていった。

ラ・テ欄の誕生

1953年2月1日、NHK東京テレビジョンがテレビ放送を開始した。2月1日、開局当日の朝日新聞の番組表を見ると、「ラジオプログラム」というタイトルで、左からラジオ東京、NHK第一、NHK第二、日本文化（放送）のラジオ番組表が、朝6時台から夜11時台まで62行を使って、ちょうど現在のテレビ番組表のような形で掲載されている。その下に、NHKテレビとして、縦組みで14行ほどのテレビ番組案内が掲載されている、まさに1925年にラジオの試験放送が始まった当時と同じような形で掲載されている。この番組案内によれば、午後2時に放送開始、「開局に当り」という古垣鉄郎（会長）の挨拶に始まり、最後の番組は午後8時45分の「受信者の皆様へ」で終了しており、まだ番組表が必要なほどのプログラムではなかった。

同年8月28日には日本初の民放テレビである日本テレビ放送網が開局、テレビは2局体制となったが、朝日新聞の番組表は、やはりラジオ番組表の下でそれぞれ横組み　6行の流し込みで、まだ申し訳程度にしか掲載されていない。日本テレビと関係が深い読売新聞でも、日本テレビの番組表に横組みで17行のスペースを使ってはいるが、やはりラジオ番組表がメインでスペースも大きく、朝6時台から夜11時台まで68行を使用していた。

現在でも新聞の番組欄のことを「ラジオ・テレビ欄（ラ・テ欄）」と呼ぶが、これは、長い間、ラジオがメインであった名残ということがわかる。あくまでも、ラジオがあって、その次にテレビなのである。

その後、1955年4月1日に現在のTBSテレビであるラジオ東京テレビ（KRテレビ）が開局、1959年2月1日に現在のテレビ朝日である日本教育テレビ（NETテレビ）が開局、3月1日にはフジテレビが開局し、在京のテレビ局はNHKと民放合わせて5局となり、同年にNHK教育テレビも放送を開始しているためチャンネル数としては6チャンネルになった。

フジテレビが開局した1959年3月1日付朝日新聞のラジオ・テレビ欄を見ると、ラジオは左からNHK第一、NHK第二、ラジオ東京、文化放送、ニッポン放送が、朝6時台から夜11時台まで59行でやはり上段に並び、下段には左からNHKテレビ、日本テレビ、KRテレビ、フジテレビ、日本教育テレビとチャンネル順に、テレビ番組表が並んでいる。しかし下段ではあるが、そのスペースは、「あさ・ひる」として16行、夜6時台から10時台は1時間ごとに区分けされ、1日分として合計39行を使用している。さらにその下の欄には10行でNHK教育も収められている。

同年4月1日より読売新聞はテレビ欄を拡充する。前日の「社告」では、読売新聞が大正14年

11月にラジオ・ページを創設したことに触れ、今度はテレビ欄拡充により「テレビの普及、発達に力を尽そうとするもの」(註17)としている。テレビ欄の拡充は紙面の1ページを使い、左上にテレビ番組表、右下にラジオ番組表を置き、ついにテレビの方がラジオより上部に掲載された。テレビ番組表は「テレビプロ」というタイトルで、左から最初に日本テレビ、NHK、KRテレビがそれぞれ57行、フジテレビ、日本教育テレビ(NETテレビ)がそれぞれ53行を取り、22行のショートプログラムでNHK教育も掲載されている。ラジオ番組表は「ラジオプロ」というタイトルで左から、NHK第一、NHK第二、ラジオ東京、文化放送、ニッポン放送で、それぞれ65行、ショートプログラムとして日本短波(現・ラジオ日経)とラジオ関東(現・ラジオ日本)がそれぞれ23行、FEN(現・AFN)とNHK-FMがそれぞれ11行確保されている。番組表以外には、放送にまつわるニュース(この日は日本テレビが計画しているニュース番組のワイド化について)と、テレビ・ラジオそれぞれのおすすめ番組紹介、現在まで続く読者投稿欄「放送塔」、さらに囲碁のコーナーと連載小説も同じページに掲載されており、エンターテインメント全般にかかわる文化面といった紙面になっている。

1961年4月1日からは朝日新聞もラ・テ欄を拡大する。まず上段にテレビ番組表で、左からNHKテレビ、日本テレビ、東京テレビ(現・TBSテレビ)、フジテレビ、NETテレビをそれぞれ58行で掲載、下段にはラジオ番組表として、左からNHK第一、NHK第二、東京ラジオ（現・ＴＢＳラジオ）、文化放送、ニッポン放送をそれぞれ52行で掲載した。また、ショートプログラムとして、上段右にはＮＨＫ教育テレビ28行、ＦＥＮ12行、ＮＨＫ－ＦＭ13行、下段右にはラジオ関東と日本短波がそれぞれ28行ずつ、ＦＭ東海（註18）が10行で掲載されている。このあたりから新聞のラ・テ欄は、完全にテレビがメインとなり始めている。１ページの10段を番組表と番組解説および関連記事に使っており、当時のテレビやラジオに関する読者の関心の高さがわかる。

一方、読売新聞は１９６３年８月20日付からテレビ版とラジオ版のページを２つに分けた。テレビ番組表は左から日本テレビ、ＴＢＳテレビ、フジテレビ、ＮＥＴテレビ、ＮＨＫテレビで、それぞれ69行で掲載し、さらに翌日の６時台から９時台までを11行で掲載、合計80行となった（ＮＨＫ教育は47行のショートプログラム）。ラジオ番組表は別ページで、メインとなる番組表（ＮＨＫ第一、ＮＨＫ第二、ＴＢＳラジオ、文化放送、ニッポン放送）は65行＋深夜（ＮＨＫは明朝）分として３行で合計68行、さらにショートプログラムでラジオ関東、日本短波、ＮＨＫ－ＦＭ、ＦＭ東海をそれぞれ22行、ＦＥＮを10行で掲載している。

１９６４年10月10日、東京で初めてのオリンピックが行われた。ＮＨＫの受信契約数はオリンピック開催直前に１６００万件を超えて、テレビ普及率は約80％に達した（註19）。この年の12月

12日、在京キー局最後となる東京12チャンネル（現・テレビ東京）が開局し、現在も続くNHK2チャンネル＋民放5局体制となった。

新聞にとってラ・テ欄とは

現在、全国紙のほとんどはテレビ欄を最終面においているが、当初は中面にあった。最終面への移動は読者の利便性を考えてのことであるが、それだけテレビが生活の中で重要な位置を占めてきたということである。1970年代には、新聞を取る目的が、テレビ欄が見たいからという層も一定数いたものと考えられる。

いち早く最終面への移動に着手したのは読売新聞で、1970年6月2日付より紙面を拡充し、テレビ欄の最終面掲載を実行した。読売に遅れること2年、朝日新聞も1972年8月1日付から最終面に移動させた。ところが、朝日新聞は1978年10月1日付より、番組表の文字を大きく見やすくしてテレビ・ラジオ面をリニューアルし、見開き2ページにして再び中面に移動した。いわば、ラ・テ欄を拡充したわけだが、それによって中面に移動したことが読者の不評を買った。そして、1979年5月18日付より、結局最終面に戻して現在に至っている。新聞社が一度変更した紙面を、読者の要望によりもとに戻すということはあまりないことである。しかもそれがテレビ欄であるということで、新聞社としては苦渋の決断だったのではないだろうか。

1979年6月10日付の朝日新聞「読者と朝日新聞」欄に、テレビ欄が「中の面に入って非常に不便だ」という声が多数寄せられたことが紹介されている。「紙面変更の場合、長年の習慣から、その当座は読みにくくなったというご意見をいただくことはありますが、今回はそれが二カ月、三カ月と続きました。」とあるように、かなりの意見が寄せられたようだ。この例を見ても、テレビ番組表というものが、どれだけ人々の生活にとって重要なものだったかがわかる。

立教大学の服部孝章および服部研究室が、新聞のラジオ・テレビ欄の歴史から紙面レイアウトの変遷、配信システムの紹介、さらに新聞のラ・テ欄とテレビ情報誌の比較検討などを行っている（註20）。情報誌とラ・テ欄の比較では、情報の鮮度では新聞が優れているが、内容や情報量ではテレビ情報誌が優位であるとし、「情報誌と新聞のラ・テ欄を単純に比較し論じるには無理がある」（註21）としている。「ライバルはあくまで他社の情報誌」（註22）というTVガイド編集者のコメントが紹介されていることでも明らかなように、テレビ情報誌は新聞の番組表を特に意識していない。確かに、新聞はテレビ情報誌では掲載できないニュースやワイドショーの内容まで載せることは可能である。あるいは、新聞ならその日の夜の番組に急な変更が出た場合でも、夕刊の紙面で変更対応が可能な場合もある。テレビ情報誌と新聞は同じ番組表でも、まったく別物と考えてもよいだろう。また服部および服部研究室は、テレビにおけるテレビ番組表の重要性を以下のように指摘している。

テレビは、新聞が最終面にテレビ番組表を掲載したからこそ、それが追風のひとつとなって、今日のように成長したのである。テレビを中心とする「メディアの時代」は、ラ・テ欄の存在抜きには考えられない、といってよい。

新聞とテレビとは、最終面として内側に畳まれる新聞紙一枚をはさんで、背中合わせに生きてきた。それゆえ、われわれは、新聞のラ・テ欄に、メディア間の相互批判の機能を求めたい。(註23)

しかし、ラ・テ欄の存在は、新聞にとっては重要な読者サービスであり、テレビにとっては視聴者獲得の重要なアイテムである。服部および服部研究室の言及は理解できるが、そこでの「相互批判」は難しいのではないだろうか。

また、NHK放送文化研究所の三矢恵子、重森万紀による「新聞のテレビ欄はどう読まれているか」という1998年の調査報告がある。これは個人面接法とグループインタビューにより、新聞のテレビ欄の利用状況を調査したもので、「ある局に対して描いているイメージとテレビ欄表記には密接なつながりがあるようである。」(註24)としている。視聴者が持つテレビ局それぞれのイメージと、テレビ欄の表記の仕方の関係を示唆したもので、非常に興味深い調査である。この調査によって「テレビ欄の活用が視聴者拡大の有効な手段であることが明らかになった」（註25）としている。服部および服部研究室が指摘している通り「新聞紙面のなかでもっともよく読まれているのは、日本経済新聞などの例外を除き、最終面に掲載されているラジオ・テレビ欄」（註26）ということではあるが、新聞の部数が落ちている今日（註27）では、新聞のテレビ欄の影響力も同様に落ちていると考えられる。

ジョシュア・メイロウィッツは『場所感の喪失』で、次のように記している。

メディア内容にのみ焦点を合わせる人たちの関心は、新聞のテレビ欄を丹念に読む人のように、メディアが家庭のなかに何をもたらすかということに向けられていて、新しいメディアが家庭その他の社会域を新しい社会環境――それには新しいパターンの社会的行為や感情や信念が伴われる――に変換してしまう可能性には向けられなかったのである。（註28）

新聞のテレビ欄ばかり熱心に読んでいる層は、あたかも物事を何も考えていないかのような論考であるが、新聞社としてもジャーナリズムと遠いところにあるテレビ欄という存在が、実は多くの読者をつかんでいるというところに、忸怩《じくじ》たるものを感じていたであろうことは容易に想像できる。

テレビ情報誌の誕生

テレビの歴史に話を戻すと、1953年に放送を開始したテレビは、1958年の時点でNHKテレビ受信契約数が100万件を超えた。さらに1959年の皇太子ご成婚が一般家庭へのテレビ普及を後押しした（註29）。

テレビが普及するにつれて、新聞に掲載される毎日の番組表だけでは飽き足らず、さらに先の番組情報を知りたいというニーズが高まり、1960年前後には、向こう1週間分の番組表を掲載した、週刊のテレビ情報誌が発行され始めた。

1960年には旺文社から『週刊テレビ時代』が創刊された。この雑誌は旺文社創業30周年記念事業の一つとして創刊されたもので、創刊号の表紙は当時のテレビを賑わすスターやスポーツ選手14人の顔写真が掲載され、その名前を当てることが創刊記念プレゼントクイズとなっていた。表紙の隅には英文で「TV－GUIDE」と小さく記されており、アメリカの雑誌を意識していることが見て取れる。サイズはB5判で定価50円。学習参考書や雑誌『螢雪時代』を手掛ける旺文社からのテレビ情報誌創刊は意外な感じがするが、創業者で社長だった赤尾好夫は教育と放送の融合にも力を入れており、当時、日本教育テレビ（NETテレビ、現・テレビ朝日）の社長も務めていた。

1週間分の番組表は現在のような表組みではなく、時間ごとに放送番組名を列挙するアメリカの『TV GUIDE』に近いスタイルで、番組名のあとに全国で放送されている放送局の略称が表記されている。しかし、この週間番組表が掲載されていたのは第4号までで、5号目以降はジャンル別の「みどころガイド」のみとなった。同時に5号目からは定価を40円に値下げしている。

結局、同誌は8月第4週号（22号）を出したところで時事教養雑誌『時の窓』と合体し、『時』という月刊誌となった。『週刊テレビ時代』の刊行は半年足らずで終了した。

同年、NHKの広報誌である『NHK』が創刊されている。創刊号には付録として「NHKラジオ放送時刻表」と「NHKテレビ放送時刻表」が付いていた。この雑誌はその後『グラフNHK』となり、のちに『NHKウィークリーステラ』というテレビ情報誌に発展した。

また、早稲田大学坪内博士記念演劇博物館には、1958年にテレビガイド社より発行された『週刊テレビガイド』（のちの『週刊TVガイド』とは別雑誌）が所蔵されている。A5判で60ページ、定価20円であった。まだNHK、日本テレビ、KRテレビ（現・TBSテレビ）のみの時代で、番組表は3チャンネルを表組みで掲載している。同誌は1959年11月第2週号よりB5判に大判化し、番組表は表組みから縦組みの流し込みスタイルに変更、定価は30円となった。11月第3週号からは大阪局にも対応するようになり、12月第1週号からは再び表組みとなり、東京・大阪・名古屋の放送局をカバーする番組表になった。この雑誌がいつまで発行されたのかは不明である。

また同館には、1962年発行の週刊『テレビ新聞』(テレビ新聞社)も保存されている。ちょうど、新聞のテレビ番組表と番組解説のみを別刷りにしたような体裁で、基本は2ページ建てか4ページ建て。日曜日から土曜日まで1週間分の番組表が掲載されている。1962年4月8日付が413号なので、テレビ開局からさほど時間を置かずに創刊されたものと推察される。こちらも、いつまで発行されたのかは不明である(註30)。

1962年には、東京ニュース通信社から『週刊TVガイド』が創刊された。同誌が現在まで続く雑誌としては一番歴史のあるテレビ情報誌となっている。

1962年8月10日付の朝日新聞に「テレビの週刊誌」という見出しの、週刊TVガイド創刊に関する小さなコラムが載っているので、一部引用する。

夕方にもう朝刊は片付けられてないのに、テレビとラジオ欄のページだけは、一日中、いつでもちゃんと茶の間に置いてある。だからテレビの週刊誌だって必要なはずなのに、いままで、いつも失敗をくり返している。何故だったのであろうか。（註31）

この一文からも、新聞におけるテレビ番組表が新聞の読者に重用されていたこと、またいくつかのテレビ情報誌が、誕生しては消えていったということがわかる。

（註1）出版科学研究所『2017年版 出版指標年報』（全国出版協会、2017年）27頁

（註2）アメリカで最初に誕生したテレビ専門誌は、1927年創刊の『All About Television』であり、その後、1948年の『Television Weekly』を皮切りに、各地域で次々と刊行されたが、1953年にこれらの雑誌を統合する形で全国向けの『TV GUIDE』が創刊された。（李夢迪「テレビ情報誌研究の意義と可能性」『京都メディア史研究年報』第三号（京都大学大学院教育学研究科メディア文化論研究室、2017年、146頁）

（註3）佐藤卓己『現代メディア史』（岩波書店、1998年）207頁

（註4）有馬哲夫『テレビの夢から覚めるまで―アメリカ1950年代テレビ文化社会史』（国文社、1997年）221頁
なお、有馬は*Stay Tuned*の統計をもとに執筆しているが、筆者は未見である。

（註5）マクルーハン、マーシャル（McLuhan, M）／栗原裕、河本仲聖訳『メディア論 人間の拡張の諸相』（みすず書房、1987年）324頁

（註6）前掲書、343―344頁

（註7）Altschuler,G.C., & Grossvogel,D.I.（1992）*Changing Channels : America in TV Guide*,University of Illinois Press,pp.31-65
李夢迪「テレビ情報誌研究の意義と可能性」『京都メディア史研究年報』第三号（京都大学大学院教育学研究科メディア文化論研究室、2017年）148―150頁にも 同趣旨の記述がある。

（註8）Harris,J.S.（1978）*TV guide, the first 25 years*,Simon and Schuster,pp.15-18

（註9）『TV GUIDE』創刊のきっかけに関しては、金平聖之助「米『TVガイド』の栄光と苦悩」『総合ジャーナリズム研究』NO.103、'83冬季号（東京社、1983年）や常盤新平「TVガイド *TV Guide*」『アメリカン・マガジンの世紀』（筑摩書房、1986年）にも同趣旨の記述がある。

（註10）金平聖之助「米『TVガイド』の栄光と苦悩」『総合ジャーナリズム研究』NO.103、'83冬季号（東京社、1983年）24頁

（註11）小野耕世「TVガイド」常盤新平、川本三郎、青山南・共同編集『アメリカ雑誌全カタログ』（冬樹社、1980年）204頁

（註12）前掲書、204頁―205頁

（註13）金平聖之助「米「TVガイド」の栄光と苦悩」『総合ジャーナリズム研究』NO．103、'83年冬季号（東京社、1983年）24―32頁

（註14）たとえば、週刊TVガイド編集部編『昭和30年代のTVガイド 面白時代の面白テレビを紙上再現』（ごま書房、1983年）や、TVガイドアーカイブチーム・編『プレイバックTVガイド その時、テレビは動いた』（東京ニュース通信社、2021年）がある。

（註15）TVガイドの読者投稿を分析した例としては、李夢迪「『週刊TVガイド』分析からみる女性視聴行動の変容」『京都メディア史研究年報』第四号（京都大学大学院教育学研究科メディア文化論研究室、2018年）がある。

（註16）NHKサービスセンター『放送80年それはラジオからはじまった』（NHKサービスセンター、2005年）19頁

（註17）読売新聞1959年3月31日付「社告」（1頁）

（註18）エフエム東京（TOKYO FM）の前身で、1960年に東海大学のFM実用化試験局「エフエム東海」として開局した。https://www.tfm.co.jp/company/profile/index4.html（2021年9月21日閲覧）

（註19）『放送50年～あの日あの時、そして未来へ～』（NHKサービスセンター、2003年）140頁

（註20）服部孝章、服部研究室「ラジオ・テレビ欄の研究―新聞の機能と役割―」『応用社会学研究』第34号（立教大学社会学部研究室、1992年）239―255頁

（註21）前掲書、254頁

（註22）前掲書、253頁

（註23）前掲書、255頁

（註24）三矢恵子、重森万紀「新聞のテレビ欄はどう読まれているか～「ラテ欄の利用に関する調査」から～」『放送研究と調査』1998年7月号（NHK出版、1998年）25頁

（註25）前掲書、25頁

（註26）服部孝章、服部研究室「ラジオ・テレビ欄の研究―新聞の機能と役割―」『応用社会学研究』第34号（立教大学社会学部研究室、1992年）239頁

（註27）日本新聞協会の調査データによれば、新聞の1世帯当たりの部数は、2007年の1・01部を最後に1部を割り込み、2022年は0・53部となっている。https://www.pressnet.or.jp/data/circulation/circulation01.php（2023年9月14日閲覧）

（註28）メイロウィッツ、ジョシュア（Meyrowitz,J）／安川一、高山啓子、上谷香陽訳『場所感の喪失・上 電子メディアが社会的行動に及ぼす影響』（新曜社、2003年）44―45頁

（註29）『放送80年 それはラジオからはじまった』（NHKサービスセンター、2005年）75―81頁

（註30）『放送文化』（1999年1月号）には、「定着はしなかったが、『週刊テレビ時代』を含め2誌が発行された」（20頁）との記述がある。李（2018）

にも「NHKの広報誌『NHK』もテレビ番組表を扱うようになり、一九五四年四月に創刊された『週刊テレビアン』（テレビアン社、のちは月刊に変わった）などテレビ専門誌も登場した」（35頁）とある。

（註31） 朝日新聞1962年8月10日付コラム「季節風」、執筆者は（晴）、9頁

第1章

『週刊TVガイド』の誕生

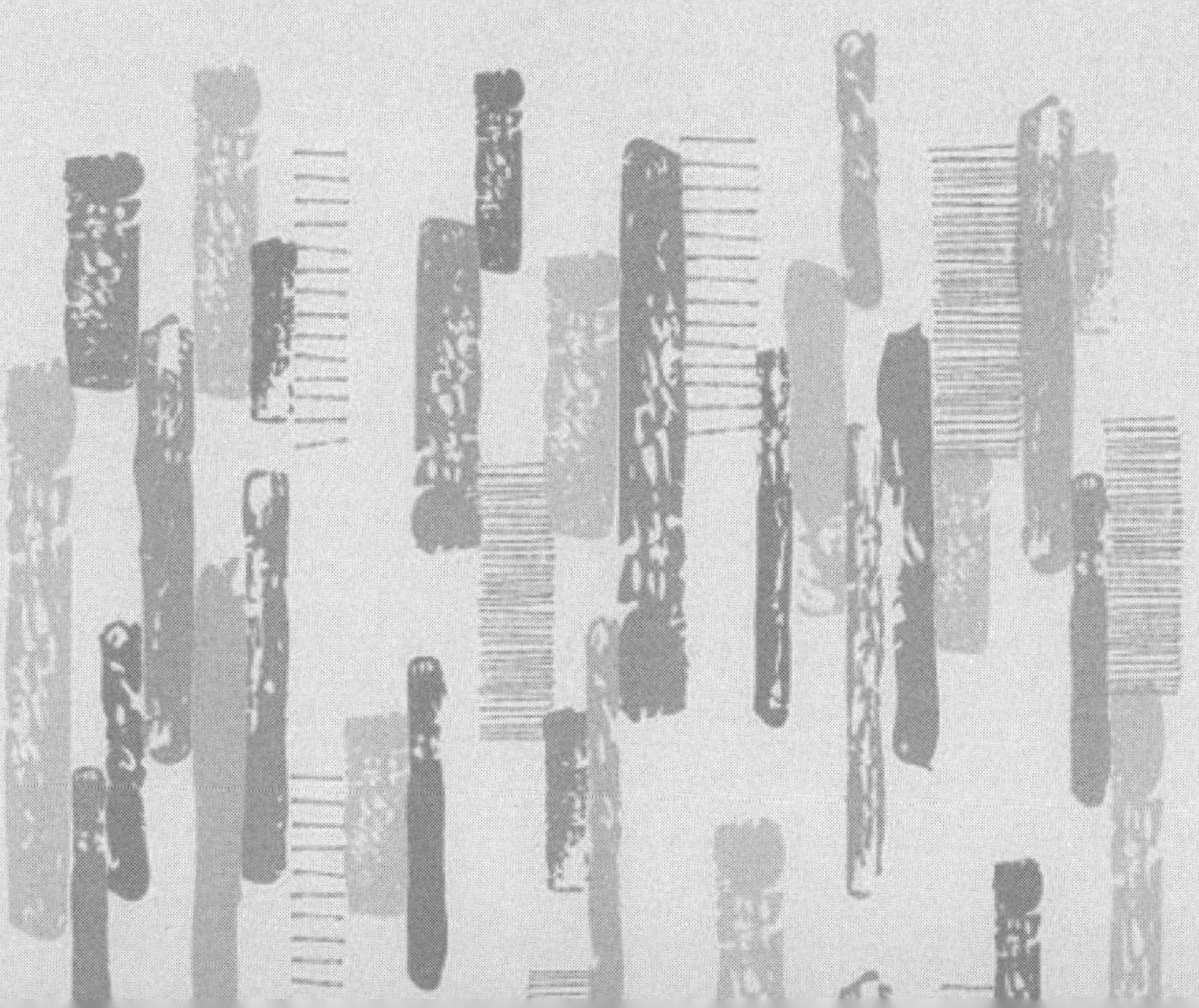

もとは英字新聞の会社だった

現在日本で発行されているテレビ情報誌の中で、一番歴史があるものは1962年に創刊した『週刊ＴＶガイド』である。

版元の東京ニュース通信社は、当時は出版社ではなく、英字新聞を発行する会社であった。その歴史は、創業者の奥山清平が1933年に発行を始めた日刊英文通信『奥山サービス（*Okuyama Service*）』に始まる。毎朝届く日本の新聞に掲載されている記事を英文で要約し、謄写版で刷って、朝9時までに外国通信員や大使館等に配達するというもので、これが当たった。

戦後、1947年に東京ニュース通信社として株式会社となり、1949年に英文の海運貿易新聞『シッピング・アンド・トレード・ニュース（*Shipping & Trade News*）』を創刊する。これは船舶のスケジュールが載った日本で初めての英字海運新聞で、創刊当初から軌道に乗り、2010年まで発行を続けた。

1952年には、ジャパン・タイムズの編集局長だった芝均平とともに、英文夕刊紙『トウキョウ・イブニング・ニュース（*Tokyo Evening News*）』を創刊した。しかし、当初の予想に反して購読者数がなかなか伸びず、赤字が累積していく状況となった。そんな折、かねてより英字新聞を持ちたいと考えていた朝日新聞社から譲渡の申し入れがあった。当時の様子が『朝日イブニングニュース社二十五年の歩み』に、永井大三（元取締役）の談話として記されているので引用する。奥山清平と朝日新聞社主催の将棋名人戦を見たあとの会食の場でのことである。

その時、奥山君になんの気なしに、「君のところで英字新聞をやっているが経営はどうかね」と聞いてみると、「赤字続きで弱っているところです。だれか買い手はありませんか」ということだ。

「朝日が買うといったら売りますか」、「こんなことがあり得るのか、一番良い相手だ」、「まじめな話だろうな」、「もちろん願ってもない話だ」ということだったので、あくる日、わざわざ名人戦がおこなわれた〝初波奈〟の同じ部屋で話し合いを続けた。（註1）

何度かの交渉の末、1954年に同紙を譲渡、題号は『朝日イブニング・ニュース（*Asahi Evening News*）』と改称された。（註2）

その後も、東京ニュース通信社は、英字新聞のほかに英文による図書や雑誌の発行など、全く日本語とは縁のない事業を展開していた。

そんな英字新聞の会社が初めて手掛けた日本語の出版物が『週刊TVガイド』である。創刊したのは、創業者の長男で、のちに二代目社長となる奥山忠（現・同社相談役）であった。

アメリカが教えてくれた

奥山は1958年に慶應義塾大学を卒業後、父が取締役に名を連ねていた朝日イブニングニュースに入社した。日系二世の上司、芝均平のもと、編集部に配属される。英字新聞記者として、初めて書いた原稿のことを聞いた（註3）。

「ルイ・アームストロングが日本に来たときに、イブニングニュースにジャズのわかる人が一人もいないわけ。それで『タダーシ、ユーはジャズのことよく知ってるだろう』って言うから『よく知ってるよ。毎晩やってんだ』って言ったら、『へぇー』なんて言われて。それで『今度、ルイ・アームストロングが日本に来ることを知ってるか？』って言うから『ああ、サッチモね』って言ったら、『えっ！』なんて驚かれちゃってさ。で、記事お前書いてくれって言うわけ。だから一晩かけてね、寝ずに書きましたよ、英語で。ずいぶん直されたけどね」

学生時代から米軍キャンプをまわるバンドでテナーサックスを吹いていたくらいだから、ジャズは好きだった。初めて自分の名前がクレジットされた記事が載ったときは、本当に嬉しかったと言う。しかし、その後はこれと言って際立った仕事ができていない。英字新聞の会社にいながら、英語はあまり得意ではなかったらしい。

「会社でしょぼくれてたら、芝さんが『お前、仕事で半年間アメリカに行ってこい』って。アメリカだけ半年くらい行ってもしょうがないから、アメリカに2カ月ぐらいいて、それからあとはヨーロッパをずっとまわって、イギリス、ドイツ、フランス、イタリア、スペインと、取材に行かせてくれた」

出張のテーマは、現地で活躍する日本の商社マンたちにインタビューして、日本語で原稿を送ること。それが日本で英文に翻訳されて紙面に掲載される。1961年のことである。行く先々で、現地の商社マンたちに大歓迎されたそうだ。

また、奥山は渡米に先立ち、芝から「これからはテレビとギャンブルの時代だ。米国で出版されている〝TV GUIDE〟と〝Racing Form〟を研究するとよい」というアドバイスを受けていた（註4）。

アメリカに行って、最初に泊まったホテルの部屋で、その『TV GUIDE』という小さな雑誌を見た。その雑誌は、どこの家に行っても、テレビの横に置いてあった。アメリカのテレビは、画面のサイズが、当時日本の家庭に普及し始めたものよりもずっと大きかった。

さらに、日本ではまだ見たこともない巨大なスーパーマーケットにも驚いた。キャッシャーが10台以上も並んでいて、そこには『TV GUIDE』のラックがあって、買い物のついでにピックアップして買っていく客の姿を何度も目にした。ちょうど四六判の単行本をひとまわり小さくしたようなコンパクトサイズの雑誌が、ものすごい勢いで売れている様子を目の当たりにしたのだ。

「この雑誌はすごい」と感心した奥山は、「日本にもテレビの時代は来る、日本で『TVガイド』を創りたい」と思い立ち、ニューヨークのTV GUIDE編集部を訪問した。応対してくれた編集次長は、奥山の申し出に応え、そのノウハウを惜しげもなく教えてくれたと言う。

「大事なことは番組の批評は一切書かないこと。あれが面白くない、やめた方がいいとか一切書いてはいけない、これが基本だと」

番組が面白いか面白くないかは視聴者（読者）が決めることであるという。

もうひとつ言われたことが、一般の週刊誌ほど経費をかけずに作れるということだった。

「資料がABC、NBC、CBS、これら全米3大ネットワークの3社から全部送られてくる。それを載せればいいんだ。要するに番組表と解説。ここが大事だということをはっきり言われてね。君はいいところに目をつけたよと」

「これならできる」と確信した奥山は、帰国後、朝日イブニングニュースを退社し、父の経営する東京ニュース通信社に取締役として入社した。社長である父を説得し、早速『週刊TVガイド』の創刊準備に取り掛かった。

しかし、いくらなんでも出版の経験が全くなく、しかもいきなり週刊誌を創刊するということに、不安はなかったのだろうか。

「不安なんか全然持たなかったね。なぜかというと、あまりにもアメリカの『TV GUIDE』がすごいから、俺だってこのぐらいのことやれるなと思った。なにしろアメリカの『TV GUIDE』は、バックの会社なんかないんだから。で、始めてあっという間に最高の、アメリカ一の発行部数、約700万部ぐらいの発行部数になったんですよ。だから、俺だってやれ

ばそのくらいになるんじゃねえかと思った。まあ考えが甘いんだよ」

そう言って笑う奥山だが、やがて日本もアメリカのようなテレビの時代が来ると、確信していたのだろう。

「もう、ともかくやっちまえって感じだったからね。もうやるっきゃないって感じ。雑誌の経験なんかゼロですから。ところが僕は人に恵まれててね、多くの出版社の先輩方がかわいがってくれてね。みなさんにいろいろなことを教えてもらいました」

『週刊TVガイド』の誕生

1962年8月、ついに『週刊TVガイド』は創刊された。サイズはアメリカのそれよりもやや大きいが、日本の雑誌の中ではコンパクトサイズのA5判だった（註5）。週刊誌のほとんどがB5判であった時代に、あえてA5判というコンパクトサイズにしたのは、やはりアメリカの『TV GUIDE』を意識してのことだろうか。

「いや、意識したというより、小さい方が紙代が安いんだよ（笑）。それから印刷費用も安かった。紙代も印刷代も安かったから」

創刊号は112ページ、定価30円。編集記事はすべてモノクロページで、カラーページはセンターに入った広告のみ。表紙はNHKアナウンサーからフリーになったばかりの高橋圭三、撮影を担当したのは秋山庄太郎である（図1）。

番組表のスタイルは、アメリカの『TV GUIDE』と同じように、表組みではなく、横組みで流し込んでいくスタイルだった（図2）。当時、新聞の番組表は現在と同じような表組みであったが、『週刊TVガイド』の番組表はなぜ新聞のような見慣れた表組みではなく、あまりなじみのない横組みの流し込みスタイルだったのだろうか。

図1／『週刊TVガイド』創刊号（1962年8月4日号、東京ニュース通信社）

奥山によれば、その理由は、詳しい番組内容の情報が入らなかったからだと言う。番組の内容が入らないと番組名だけになり、表組みでは余白が目立ってしまうが、流し込み方式であれば、番組名だけでもなんとか体裁を保てる。これは『TV GUIDE』の編集者に教えてもらった、2週間くらい先の番組表を作っていくためのノウハウだった。

「ビデオがなかった時代だから、それこそ当日まで、極端に言うと主役は決まったんだけど、相手役が決まらないということが実際にあるわけですよ。昔はね」

ほとんどが生放送だった時代ならではのエピソードである。

しかも、いざ『TVガイド』を発行し始めてみると、アメリカで聞いたように、資料が放送局から簡単に集まってくるというものではなかった。日本ではまだ、テレビ情報誌が発行できる土壌が出来上がってはいなかったのである。テレビ局の放送内容の決定が遅く、雑誌の締め切りまでに間に合わないということも多々あった(註6)。

番組表は横組みで巻末に掲載されたため、〈表4〉(裏表紙)側から開く作りになっている。〈表4〉は広告ページであるが、第2表紙のような扱いになっていて、右上に小さく表紙と同じTVガイドの赤いロゴマークが入っていた。

創刊当初は関東エリアの番組表のみを扱う、現在の関東版にあたるものであった。当時の関東地区の放送局は、ＮＨＫ総合テレビ、ＮＨＫ教育テレビ、日本テレビ、ＴＢＳテレビ、フジテレビ、ＮＥＴテレビ（現・テレビ朝日）の6局である。

創刊号の巻頭グラビアは「永六輔のとび入り訪問①」で、女性フリー・アナ第1号の野際陽子を取り上げ、巻末グラビア「グループ気質①」は、ダニイ《（ママ）》・飯田とパラダイス・キングの大磯ロングビーチでのロケ取材であった。特集記事の中には「アンチ・ナイター女性の意見と実態」といった硬めの記事も見受けられるが、坂本九の取材記事や、海外ドラマ『ベン・ケーシー』の特集など、やはり芸能雑誌寄りのエンターテインメント関連の記事が多い。

また、当初から、広告媒体としても成り立つ雑誌を目指しており、〈表4〉には東芝のテレビ「16型流星号」の広告が掲載されているほか、〈表2〉にＴＢＳテレビ、〈表3〉にフジテレビ、巻頭トップに日本テレビ、番組表内にＮＥＴテレビと、当時の民放キー局の広告が掲載されている。記事の中には「週刊ＴＶガイドの創刊を祝う」として、ＮＨＫ会長・阿部真之助をはじめ各テレビ局社長らの創刊祝いのコメントも掲載されている。

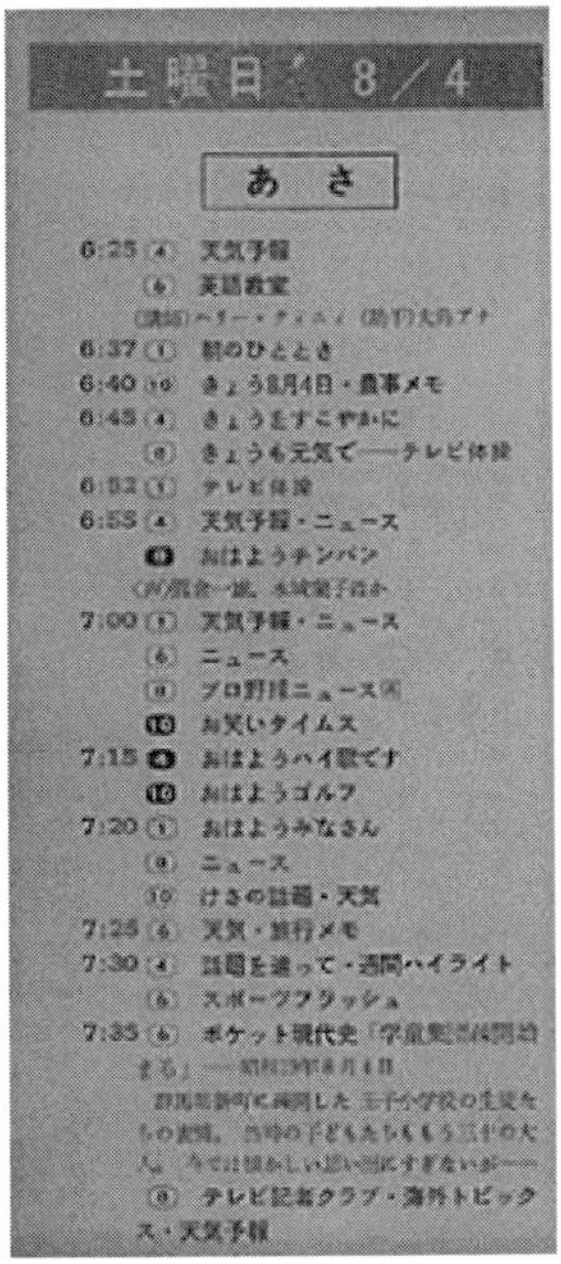
土曜日 8／4

あさ

6:25 ④ 天気予報
⑥ 英語教室
6:37 ① 朝のひととき
6:55 ④ 天気予報・ニュース
7:00 ① 天気予報・ニュース
⑥ ニュース
⑩ お笑いタイムス
7:15 ④ おはようハイ歌です
⑩ おはようゴルフ
7:20 ① おはようみなさん
⑧ ニュース
7:25 ⑥ 天気・旅行メモ
⑥ スポーツフラッシュ
7:35 ⑥ ポケット現代史
⑧ テレビ記者クラブ・海外トピックス・天気予報

図2／『週刊TVガイド』創刊号番組表の一部

「創刊号は10万部出したんですよ。大日本印刷で印刷部数10万部。そしたらね、売れたのが2万5000部くらい。7万5000部戻ってきた。で、あっという間に5万部に落としてやったんだけど、結局5万部から一歩も出ないわけですよ。でもね、ともかくこれは絶対うまくいくっていう変な確信を持ってた。アメリカの『TV GUIDE』を見てるもんだから、こっちは舞い上がっちゃってるわけですよ。だってアメリカではどの家に行っても置いてあるんだから、あの小さいやつが」

必ず成功するはずという奥山の思いに反して、『週刊TVガイド』の売り上げはなかなか伸びなかった。〝3号雑誌〟などと揶揄されることもあったが、発行を重ねるごとに赤字は膨らんでいく。さすがにもうやめようとは思わなかったのだろうか。

「不思議と、やめようって思ったことはない。だけど親父に相談すると『馬鹿野郎、すぐ売れるわけねえんだ』って。『お前みたいなガキが、そんな雑誌作ってすぐ売れるような、そんな甘い世界じゃないんだから、頑張れ』って言われてさ、頑張らざるを得ないじゃないの」

父である社長の奥山清平は、少しでも応援になればと、創刊第2号より約8年にわたって自ら執筆したコラム「人生ガイド」を連載した。また、当時は前述した英字新聞『シッピング・アンド・トレード・ニュース』が大きな利益を上げていたので、『週刊TVガイド』の赤字もなんとかカバーできていたという社内事情もあった。

なかなか部数が伸びなかった『週刊TVガイド』だが、手ごたえを感じ始めたのはいつ頃だったのだろうか。

「それはオリンピックですよ。新聞にはオリンピックの放送スケジュールなんてほとんど載ってないわけ。新聞社はテレビのことを電気紙芝居だなんて言って、まだ馬鹿にしていたんじゃないかな。明日のゲームは何があるってのは新聞に載せるわけですよ。だけど、あさってのは載ってない。それがTVガイドには全部載るわけです」

1964年の東京オリンピック特集号は、放送スケジュールや各競技の見どころを掲載し、ようやく『週刊TVガイド』という雑誌が認知されるきっかけとなった。

その後、1966年に関西版を創刊、1967年に中部版を創刊した。テレビ番組は全国ネットの放送以外は地域ごとに番組が異なる。地区ごとの番組表に対応する地区版を発行しなければならないのが、テレビ情報誌が普通の雑誌と大きく異なるところだ。関西版、中部版に続いて地区版を次々と創刊していき、現在は14地区版を発行する全国誌に成長した。

また、販売面でも一般の雑誌と違ったアプローチに力を入れた。それがスーパーマーケットでの販売と、定期購読の拡大である。奥山の目には、アメリカで見たスーパーマーケットで『TV GUIDE』が売れている姿が焼き付いていた。実際、アメリカでは売り上げの約60％がスーパーマーケットと言われていた（註7）。

「一番やりたかったのは、その当時、日本でもスーパーがどんどん伸びてきたので、アメリカ式にね、スーパーのキャッシャーの横に、TVガイドを置きたかった」

『週刊TVガイド』も創刊当初からスーパーマーケットへの直接搬入による直売方式を展開し、アメリカ式にキャッシャーの横に専用のラックを置いて販売した。1972年にはスーパーマーケットへの直接搬入による直売を展開する関連会社ニュースサービスを設立した（註8）。同時に、メールオーダーによる、年間定期購読も積極的に展開していった。

ライバル誌の出現

順調に地区版を創刊していった『週刊ＴＶガイド』は、１９７４年に、共同通信社から『週刊ＴＶ ｆａｎ（テレビファン）』が創刊されるまで、テレビ情報誌としてはほぼ独走状態が続いた。やがて、『週刊テレビファン』は版元が共同通信社から東京ポストに変更され、１９７６年に『週刊テレビ番組』と改題した。テレビ情報誌は長く『週刊ＴＶガイド』と『週刊テレビ番組』の週刊誌2誌時代が続いていくこととなる。

しかし、１９８２年に角川書店（現・ＫＡＤＯＫＡＷＡ）より『週刊カドカワ　ザテレビジョン』が創刊されたことで状況は一変する。

作家の穂高亜樹は『ザテレビジョン』が創刊されたことについて『創刊誌大研究』の中で、当時の状況を、次のように記している。

〝テレビ雑誌〟という分野は、出版界にとっては、摩訶不思議な世界であった。『週間《（ママ）》ＴＶガイド』が創刊されてから二十年もたつというのに、どういうわけかライバル誌が登場しなかったのだ。

イヤ、登場するにはしたのだが、どれもこれも簡単に挫折していたのである。（註9）

これまでテレビ情報誌は、比較的小規模な出版社から発行されていた。穂高は「そこに突然、角川書店がなぐり込みをかけたわけで、この戦さ、なかなかおもしろくなりそうである。」（註10）と記しているが、まさに「なぐり込み」の様相を呈していた。

しかも『ザテレビジョン』の創刊にあたり、『TVガイド』は即戦力となり得る多くの編集者を引き抜かれている。そのとき、奥山はどういう心境だったのだろうか。

「嫌ですよ、それは。10人抜かれちゃったの。大騒ぎですよ。だって、うちの編集部員10人もだから。まあ、もうやればいいよって、そんな気持ちになったね。もちろん負けられないという気持ちはあったけど、頭の中には配信がありましたからね」

配信とは、新聞社へのラジオ・テレビ欄（ラ・テ欄）配信事業のことだ。『TVガイド』を始めたことをきっかけに、東京ニュース通信社は番組表を核として、さらにビジネスを広げていくことになる。これに関しては後述する。

『ザテレビジョン』は印象的なサウンド・ロゴを使ったテレビCMを大量に投入し、たちまち認知度を上げていった。総合出版社の参入を機に、その後、各社から次々とテレビ情報誌が創刊されていくこととなる。

『TVガイド』の変遷

テレビ番組表と番組解説をメインとするテレビ情報誌であるが、そこにはほかの雑誌と同様、グラビアがあり特集がある。

フリーライターの井家上隆幸は『TVガイド』が1983年当時、全国10版制を敷いているということに着目し、次のように分析している。

テレビ以外にもさまざまな娯楽や情報が身近にある都会と違って、テレビが〝風俗流行の窓〟である地方の読者にとっては、番組表プラス若干の芸能ニュースという『TVガイド』は、きわめて実用的かつ面白雑誌なのである。直接に日常的に風俗流行とふれあう機会の少ない地方の読者には、『TVガイド』は都会生活者における週刊誌の役割をはたしている、といってもよいだろうか。（註11）

この記述から、ようやく「雑誌」として認められ始めたことが見て取れる。また、ビデオ時代のテレビ情報誌のあり方として、「たんに一〇〇%番組表依存から、番組そのものの選択へ、テレビ情報誌がその眼をもってつくられれば、テレビ番組もまた変わっていく可能性が出てくる。また、そういう情報誌でなければ、ビデオ時代の競合に生き延びていくことはできないのではないだろうか。」(註12)と指摘している。実際、現在もテレビ情報誌に番組表は載っているが、番組表だけに依存しているものではなくなっている。しかし、それはテレビをとりまく環境が変化したということも大きいといえる。

テレビというわばオールジャンルメディアのガイド誌のため、その扱う範囲はドラマ、音楽、スポーツ、時事問題、健康、料理等、番組の種類に応じて広範囲となるが、やはりドラマやバラエティーなど、エンターテインメント関連の番組紹介が多くなる。しかしながら、その編集内容は時代とともに少しずつ変化している。『TVガイド』の表紙を例に、その変遷を見ていきたい。

フリーライターの久保隆志の分類によれば、「『TVガイド』が創刊された62年から80年代始めまでの第1期」(註13)とされる、いわゆる「テレビ草創期」は「テレビに出てくるスター」を一貫して取り上げている。創刊号はフリーアナウンサー第1号の高橋圭三だったが、第2号以降は、弘田三枝子、ペギー葉山、坂本九、池内淳子、大空真弓と、徹底してスター主義が続く。途中、当時人気があった海外ドラマ『ベン・ケーシー』のビンセント・エドワーズや、『サーフサイド6』のトロイ・ドナヒューなど、幾度となく海外のスターも登場する。70年代の後半になると、山口百恵やピンク・レディーといった、テレビを席巻したトップアイドルの表紙が多くなっている。いずれにしてもテレビが娯楽の中心であった時代、ドラマ、バラエティー、アニメ、スポーツなど、いわば「テレビの黄金時代」を象徴する表紙が続いた。

1980年代に入ると「ドラマの時代」へとシフトしていく。それまで比較的オールジャンルであった表紙の作り方が1980年ころから、人気ドラマ中心の人選が多くなっている。たとえば1975〜79年の5年間でドラマからの人選と見られる表紙は全体の37・1%であるのに対して、1980〜84年の5年間では56・8%に上昇する。この頃から、表紙はドラマで主役を務める俳優が中心となってくる。テレビ情報誌の読者層が、ドラマの先のストーリーや結末を知りたいために購入していたことが見て取れる。

1990年代に入ると、「トレンディードラマの時代」となり、中山美穂、浅野ゆう子、浅野温子、今井美樹、鈴木保奈美といった、いわゆるトレンディー女優が中心となってくる。特集もドラマの人物関係図や、ドラマの中のファッション、セットのインテリア紹介などが増えてくる。1996年には山口智子と木村拓哉による『ロングバケーション』(フジテレビ系)が大ヒットドラマとなり（註14）、この前後からジャニーズ事務所（現・スマイルアップ）所属の男性アイドルが頻繁に表紙に登場し始める。図3は、ジャニーズタレントの表紙登場率の推移を表したものである。1970～79年の10年間では、わずかに3回で0・6％であった。1980～89年は5・5％、1990～99年23・4％といった程度であったが、2000年～09年になると74・1％と上昇し、2010年以降は実に90％を超えている。2000年代以降は、まさに「ジャニーズの時代」と言えるのではないだろうか。

かつてのアイドルは歌番組が中心であったが、この頃は歌だけではなく、ドラマにも本格的に取り組み始めた時代である。今やドラマに限らず、バラエティー、CM、さらには情報番組やニュース番組でキャスターまで務めるようになり、彼らがテレビの中心にいることは確かである。そういった意味では、草創期からの「テレビに出てくるスター」を取り上げるという基本姿勢は変わっていないといえる。

しかし、このあたりから、放送局にとって番組宣伝媒体であったテレビ情報誌が、タレント中心型あるいはアイドル中心型に変わり始めた。もちろんテレビ情報誌なので、ドラマへの出演等をフックに表紙に起用されるということは多い。しかし、テレビ出演だけでなく、CDやDVDのリリース、映画出演、あるいはコンサートの告知等がフックとなって表紙に起用される例も増

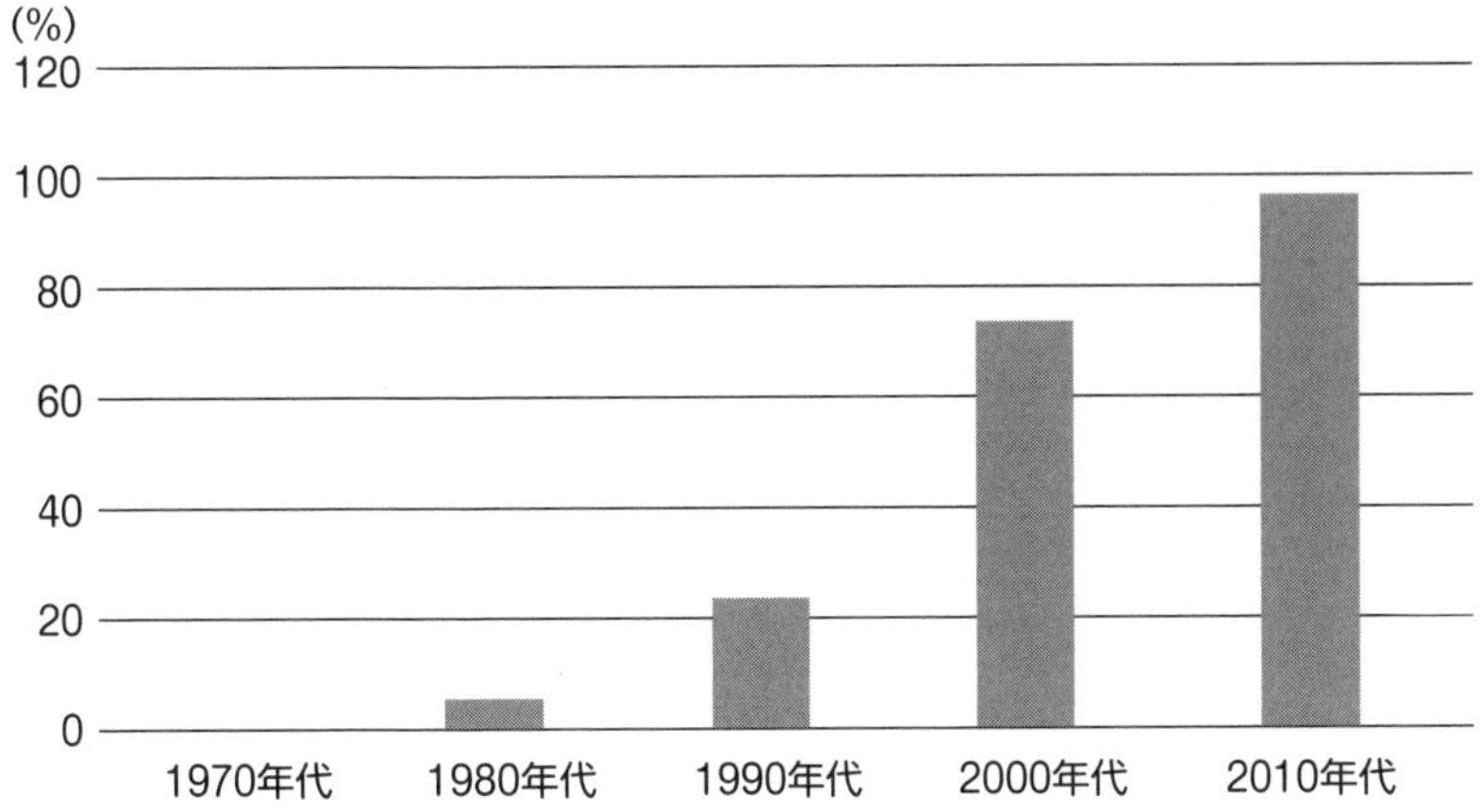

図3／TVガイド表紙におけるジャニーズタレント登場率の推移（筆者作成）

えて来た。かつてはテレビ局の方だけを向いていたともいえるテレビ情報誌が、旬のタレントを多く抱える芸能プロダクションの方を向き始めた時代の始まりであろう。

テレビ情報誌の読者層

読者層の幅の広さも、テレビ情報誌の特徴と言える。テレビ情報誌はその読者層が幅広く、年齢や性別では絞りにくいため、かつてはオールターゲットの「ファミリー誌」というカテゴリーであった。たとえば、日本ABC協会の『雑誌発行社レポート』に掲載された2019年上半期の「読者層」データによると、『TVガイド』の読者比率は男性37・8%、女性62・2%、中心読者層は①50〜54歳15・9%、②45〜49歳10・8%、③60〜64歳11・2%、④25〜29歳10・4%であり、

『ザテレビジョン』も男性32・2％、女性67・8％、①45〜49歳13・4％、②50〜54歳、55〜59歳ともに10・7％、④15〜19歳11・1％と、両誌ともに読者層は女性の方が多く、年齢層も広範囲にわたっており、広告媒体としてはややターゲットが絞りにくい雑誌といえる（註15）。

女性読者に着目して、李夢迪は『週刊TVガイド』の誌面構成や読者投稿等を題材に、女性のテレビ視聴行動の変容を分析している（註16）。特に1960年代から2000年までの『TVガイド』の読者投稿から、女性読者層におけるテレビ視聴スタイルの変化に言及しており、90年代になると読者投稿欄の変化を次のように言及している。

自由に感想を述べる投書欄の代わりに、「あなたの好きなダークヒーロー」や「長野五輪の感動した瞬間」など、編集部が提示した話題に応える「今週のテーマ」欄が設けられた。テレビ情報誌が「議論の場」としての機能を失い、「情報共有の場」へと変化する様子が読み取れる（註17）。

この状況は、当時、『TVガイド』と同じ版元である東京ニュース通信社から〝共感マガジン〟として創刊された『テレビブロス』の影響も少なからずあったと見られる（第4章参照）。創刊から30年となる『TVガイド』も、ファミリー誌からの脱却を図ろうとしていた時期であった。

１９９０年にはそれまで部長級だった編集長を、思い切って「平社員からの大抜てき」（註18）により30代に若返らせ、「編集者のほとんどを二十代の女性に変えた」（註19）。「それまでの「茶の間で読まれるファミリー雑誌」から「二十代が作る二十代の雑誌」への大変身」（註20）を敢行、表紙や特集も若い女性が好んで視聴していたドラマ中心にシフトしていた時期である。

また、李によれば、「女性のテレビ視聴は当初から多層的であり、「受動的」側面と「能動的」側面が共存していた」（註21）とされる。しかしながら、そもそも『ＴＶガイド』で番組を選択しながらテレビを見ているという行為自体が能動的視聴なのであり、より深くテレビを視聴しようとする「テレビウォッチャーとしてのエリート」であったといえるのではないだろうか。

『ＴＶガイド』にとって番組表とは

テレビ情報誌にとっての番組表は、その誕生当初こそアメリカ式の横組み流し込みスタイルであったが、現在は新聞のそれと同様の表組みスタイルで定着している。現在、各誌とも番組ジャンルの色分けや、文字の大きさ等を工夫することで他誌との違いを出そうとしているが、番組表自体のスタイルとしてはそんなに差異はない。それでも、テレビ情報誌は、その根幹である番組表を少しでも見やすく使いやすくしようと試行錯誤をしてきた。表２は、『ＴＶガイド』における、番組表の変遷をまとめたものである。

Ａ５判のコンパクトサイズで創刊した同誌は、アメリカ式の放送開始時刻順・横組み番組表で始まったが、１９６４年には新聞の番組表と同様の表組みとなる。しかし、Ａ５判のサイズゆえ、見開き２ページで１日分を掲載することは難しく、「あさ・ひる」と「よる」に分割して掲載していた。１９８６年にはビデオ録画時代を反映して２色刷りとなり、当時録画されることの多かった「映画」を赤文字で表現した。１９９５年には、他のテレビ情報誌同様に判型をＡ４変形判とし大判化した。しかし番組表で他誌との違いを出そうと考えた結果、大判化しても１日分を見開き２ページとせず、「あさ・ひる」２ページ、「よる」２ページと１日分を２見開きに分割し、番組表の中に解説記事を盛り込んだ「超番組表」をスタートさせた。番組表だけ見れば、番組の内容まで詳しくわかるというものである。その後も、ＢＳデジタルの多チャンネル化をはじめとする、テレビを取り巻く環境の変化に対応し、その都度リニューアルを繰り返している。

特に、２０１１年７月の地上デジタル化以降は、ＥＰＧによりテレビ画面で簡単に番組表が見られるようになった。テレビ情報誌の弱点でもある、番組変更への対応ではＥＰＧにはかなわない。しかし一覧性の見やすさという点では紙媒体は優っているところもある。田原隆・入江たのし・兼高聖雄・日比俊久によるテレビ情報誌についての雑誌『ＧＡＬＡＣ』での座談会で、「テレビ誌で情報を出すと、読んで初めて見る気になる人は相当数いるでしょう。」（日比）（註22）と

表2 ／ 『TVガイド』における番組表の変遷

号数	判型	番組表内容（ページ数は番組表1日分の分量を示す）		備考
1962年8月4日号〜	A5判	・放送開始時刻順で横組み番組表（アメリカの『TV GUIDE』スタイル）		番組表を巻末におき、表4にもロゴマークを入れて、後ろからも開かせる工夫。
1964年9月4日号〜	A5判	・あさ・ひる（午前6時台〜午後5時台）2ページ ・よる（午後6時台〜11時台）2ページ	1日分連続4ページ	表組みで新聞のテレビ欄と同様のスタイル。
1969年4月4日号〜	A5判	・あさ・ひる（午前6時台〜午後5時台）2ページ ・よる①（午後6時台〜8時台）＋番組解説2ページ ・よる②（午後9時台〜11時台）＋番組解説2ページ	1日分連続6ページ	夜の時間帯を2分割してより詳しくした。
1982年8月6日号〜	A5判	・あさ・ひる（午前6時台〜午後5時台）2ページ ・よる（午後6時台〜11時台）2ページ ・UHF番組表（テレビ埼玉、群馬テレビ、千葉テレビ）2ページ ・番組解説2ページ	1日分連続8ページ	
1986年4月4日号〜	A5判	・同体裁で2色刷り（映画＝赤文字）	1日分連続8ページ	キャッチフレーズ「1週間のテレビ番組&ビデオ録りマガジン」（1986年8月15日号〜）
1995年11月1日号〜	A4変形判	・あさ・ひる（午前5時台〜午後5時台）2ページ ・よる・深夜（午後6時台〜深夜4時台）2ページ ・ローカル局番組表＋番組解説2ページ	1日分連続6ページ	大判化し、番組表内に解説を挿入した「超番組表」誕生。4色カラーページになる。（2000年12月8日号〜BSデジタル番組表を別ページに掲載）
2001年3月30日号〜	A4変形判	・地上波番組表（1局81行）2ページ ・ローカル局番組表＋番組解説2ページ ・BSデジタル番組表2ページ	1日分連続6ページ	「超番組表」を終了し、BSデジタルも収容した「新番組表」にリニューアルした。
2003年10月17日号〜	A4判	・1日分を1局100行番組表2ページ ・ローカル局番組表＋番組解説1ページ、BSデジタル番組表1ページ ・番組解説2ページ	1日分連続6ページ	キャッチフレーズ「日本一!100行満点番組表」
2012年8月3日号〜	A4判	・地上波番組表（1局81行で大字化）2ページ ・BSデジタル番組表2ページ ・番組解説2ページ	1日分連続6ページ	
2014年1月17日号〜	A4判	・地上波写真入り番組表（66行）＋ローカル局（37行）2ページ ・BS番組表（66行×7局、27行×15局）2ページ		キャッチフレーズ「美（ヴィジュアル）番組表」（写真入り番組表で実用新案登録）
2018年12月7日号〜	A4ワイド判	・地上波15局番組表（66行）2ページ ・BS番組表 BS4K&8K対応!（66行×8局、27行×18局）2ページ		キャッチフレーズ「新時代のTVガイド始動!」BS4K&8K対応7日間番組表

語っているが、まさにいかに見やすい番組表を提供できるかが、テレビ情報誌の使命といえるであろう。

テレビ欄の配信事業

テレビ情報誌が世の中に受け入れられていったことでもわかるように、テレビの番組表のニーズは時代とともに高まっていった。序章でも触れたように、新聞にとっても、テレビ欄は読者維持のためになくてはならないものとなった。同時に、全国紙にとっては地方紙との部数拡大競争において、ラ・テ欄の充実は必要不可欠であった（註23）。一方で全国の番組欄を制作するという作業は、新聞社にとって非常に手間のかかる作業であり、これをなんとか合理化したいということが課題となっていた。

１９７１年10月、『週刊ＴＶガイド』を発行する東京ニュース通信社に、日本新聞協会編集主幹・大森幸男より朝日・毎日・読売の3大新聞社にラジオ・テレビ欄を配信できないかという打診があった。東京ニュース通信社はこの提案を受け、準備期間を経て、１９７３年9月1日、まず日本経済新聞社への配信を開始、同年11月1日に、朝日新聞、毎日新聞、読売新聞、東京新聞へ番組表を配信し、その後全国へと広げていった（註24）。

放送評論家の佐怒賀三夫は、当時のことを次のように記している。

伝聞によれば、それに先立つ四十六年（昭和〈筆者注〉）秋ごろ、朝日、毎日、読売の三社が共同出資のラジオ・テレビ欄配信会社設立を計画したことがその契機となったもようである。（註25）

そのような理由から、『週刊TVガイド』で番組表制作の実績がある東京ニュース通信社の打診へとつながったようである。

奥山は当時、新聞社の幹部からこう打診されている。

「あれはね、朝日新聞の常務から話があった。やっぱり良かったですよね。こんないい話はないですよ。配信という仕事はすごくよかった。いまだにね、うちで一番は配信ですよ」

このときから新聞のラ・テ欄は、配信会社からの配信を受けて制作するものとなり、新聞社が自ら制作しない紙面となった。東京ニュース通信社にとっても、テレビ情報誌の出版とともに、新聞社へのラ・テ欄配信業務が、社を支える大きな柱となった。

ラ・テ欄配信業務は、１９７１年以降、東京ニュース通信社が一手に担ってきたが、１９８４年に、日刊スポーツの関連会社である日刊編集センター（現・日刊スポーツＰＲＥＳＳ）が共同通信社とともにラ・テ欄配信事業に参入した（註26）。同社は日刊スポーツ、朝日新聞へのラ・テ欄配信業務を皮切りに、ブロック紙や地域紙、さらに一部雑誌にも配信を始めた。これにより、新聞社のみならず、出版社も非常に手間のかかる作業であった番組表作りを自社でやらなくても、テレビ情報誌に参入できる環境が整ったということとなった。現在は、既存のテレビ情報誌でも、番組表部分を配信会社からの供給で制作している例もある。

服部孝章は、主に民放誕生後のラ・テ欄拡充の歴史とその問題点を考察している。特に、新聞がテレビ情報の拡充に熱心であることに警鐘を鳴らしている（註27）。新聞社が外部の配信システムを利用してラ・テ欄を制作しているということを前提にしながらも、「配信記事に大幅に依存するのではなく、映画批評欄のように、☆印でも付けて、推薦度などを示すことがあってもいいのでないか。」（註28）としている。ラ・テ欄に読者サービス以上のジャーナリズム性も加味するべきだという論考だが、同時に民放と新聞社との関係性からの難しさも指摘している。そう考えると、テレビ情報誌こそ、その役割を担えるのではないだろうかとも言えるが、はたしてテレビ情報誌の読者がそれを求めているのかという疑問は残る。

また服部は、ラ・テ欄が配信会社の制作となったことについて、「多くの新聞が同一の番組配信システムによっていることから起こる画一性」（註29）を、ラ・テ欄の問題点として指摘している。「最終面掲載あるいはとても見やすい親切さあふれる番組表の取り扱いに比べ、番組紹介記事部分での批判性あるいはジャーナリズム性は乏しい。」（註30）としているが、まさに奥山がアメリカでTV GUIDEの編集次長にアドバイスされた「批評は一切書かない」ということが、奇しくも新聞のラ・テ欄にも適用されているかのようだ。本来、番組案内というものは、そういうものなのかもしれない。

番組表の外注化

テレビ情報誌の要はなんといっても番組表である。通常は週刊誌であれば1週間分、隔週刊誌は2週間分、月刊誌は1カ月分の番組表を掲載している。1日分1見開き2ページとして、週刊誌で7日分14ページ、隔週刊誌では14日分28ページ、月刊誌では31日分62ページが必要となるが、台割（註31）の関係上、月刊誌の場合は数日分、前月の分も掲載されることが多い。いずれの場合も、雑誌全体のページ数から見ると、かなりのページ数を番組表に割いていることがわかる。『TVガイド』創刊当時は放送局の数も少なく、番組表制作もそれほど人手のかかるものではなかったが、全国展開するにつれ、番組表制作は人手と手間のかかる作業となっていた。テレビ情報誌にとっての地区版は、たとえば現在14地区版を発行している『TVガイド』の場合、毎週14種類の『TVガイド』を制作していることに等しい。『TVガイド』は創刊以来そのノウハウを蓄積できていたが、前述したように、大手出版社がなかなかテレビ情報誌の発刊に踏み切れなかったのは、番組表制作にかかる経費等の問題も大きかったと推察される（註32）。

テレビ情報誌にとって要であり、かつ一番経費のかかる部門の外注化が可能になったことにより、テレビ情報誌のノウハウのない出版社もこの分野に参入しやすくなっただけでなく、タウン情報誌等でも番組表を掲載することが容易になった。

集英社から発行されていた『週刊明星』もかつて「かなりTV誌化した時期もあったが、番組表の製作経費などの問題で踏み切れなかった経緯がある」（註33）としている。しかし、番組表を外注できるようになったことで、「小人数でもTV誌が作れることが創刊決断の大きな要素」（註34）となり、同社は1996年にアイドルに特化したテレビ情報誌『テレキッズ』を創刊している（第4章参照）。

（註1）『朝日イブニングニュース社二十五年の歩み』（朝日イブニングニュース社、1979年）10頁
（註2）東京ニュース通信社広報室『東京ニュース通信社六十年史』（東京ニュース通信社、2007年）3—26頁
（註3）インタビューは、2020年7月23日および2023年1月27日に実施した。

（註4）東京ニュース通信社広報室『東京ニュース通信社六十年史』（東京ニュース通信社、2007年）、43頁

（註5）1995年に判型をA4変形に大判化した。その後A4判となり、さらにA4ワイド判となって現在に至っている。

（註6）東京ニュース通信社社史編集委員会『東京ニュース通信社の三十年』（東京ニュース通信社、1977年）185頁

（註7）Altschuler, G.C & Grossvogel, D.I. (1992) *Changing Channels: America in TV Guide*, University of Illinois Press, p.8

（註8）東京ニュース通信社広報室『東京ニュース通信社六十年史』（東京ニュース通信社、2007年）283頁

（註9）穂高亜樹『創刊誌大研究』（大陸書房、1982年）7頁

（註10）前掲書 7頁―8頁

（註11）井家上隆幸「ビデオ時代のテレビ情報誌・異聞」『総合ジャーナリズム研究』NO.103、'83年冬季号（東京社、1983年）34頁

（註12）前掲書、37頁

（註13）久保隆志「安定市場のテレビ情報誌に構造変化の波」『創』1998年2月号（創出版、1988年）129頁

（註14）脚本・北川悦吏子。最終回の視聴率が36.7%を記録した（ビデオリサーチ、関東地区調べ）、「恋愛ドラマの金字塔」（岡室美奈子「極私的テレビドラマ史」『大テレビドラマ博覧会―テレビの見る夢』早稲田大学坪内博士記念演劇博物館、2017年、26頁）と言える作品。

（註15）日本ABC協会『雑誌発行社レポート』2019年1～6月掲載、VR/MAGASCENE/ex18年を参照。

（註16）李夢迪「『週刊TVガイド』分析からみる女性視聴行動の変容」『京都メディア史研究年報』第四号（京都大学大学院教育学研究科メディア文化論研究室、2018年）33―69頁

（註17）前掲書、60―61頁

（註18）東京新聞1993年9月17日付夕刊「雑誌人」（5頁）

（註19）前掲書

（註20）前掲書

（註21）李夢迪「『週刊TVガイド』分析からみる女性視聴行動の変容」『京都メディア史研究年報』第四号（京都大学大学院教育学研究科メディア文化論研究室、2018年）66頁

（註22）田原隆、入江たのし、兼高聖雄、日比俊久「「テレビ番組」あっての情報誌 それ以上 でもそれ以下でもない!」『GALAC』2003年7月号（放送批評懇談会、2003年）41頁

（註23）服部孝章、服部研究室「ラジオ・テレビ欄の研究―新聞の機能と役割―」『応用社会学研究』第34号（立教大学社会学部研究室、1992年）248頁

（註24）東京ニュース通信社広報室『東京ニュース通信社六十年史』（東京ニュース通信社、2007年）76―80頁

（註25）佐怒賀三夫「新聞ラジオ・テレビ欄の新しい役割」『総合ジャーナリズム研究』NO.103、'83冬季号（東京社、1983年）

(註26) 東京ニュース通信社広報室『東京ニュース通信社六十年史』(東京ニュース通信社、2007年) 191―194頁
(註27) 服部孝章「新聞ラ・テ欄の変遷と問題点」『民放』1993年6月号(日本民間放送連盟、1993年) 10―14頁
(註28) 前掲書、14頁
(註29) 前掲書、12頁
(註30) 前掲書、12頁
(註31) 台割(だいわり)とは、冊子のどのページにどんな内容が入るか、総ページ数はどのくらいになるのかを示した、全体の設計図のようなもの。
(註32) 久保(1998)は、全国で14版を発行する当時の『ザテレビジョン』番組表制作に関して「東京を中心に40名程。さらに編集部も40名の人員を抱えているという。」とし、「やはりテレビ情報誌にはかなりの人手と手間がかかるのである。」としている。(132―133頁)
(註33) 集英社社史編纂室『集英社70年の歴史』(集英社、1997年) 277頁
(註34) 前掲書、277頁

第2章

総合出版社の参入

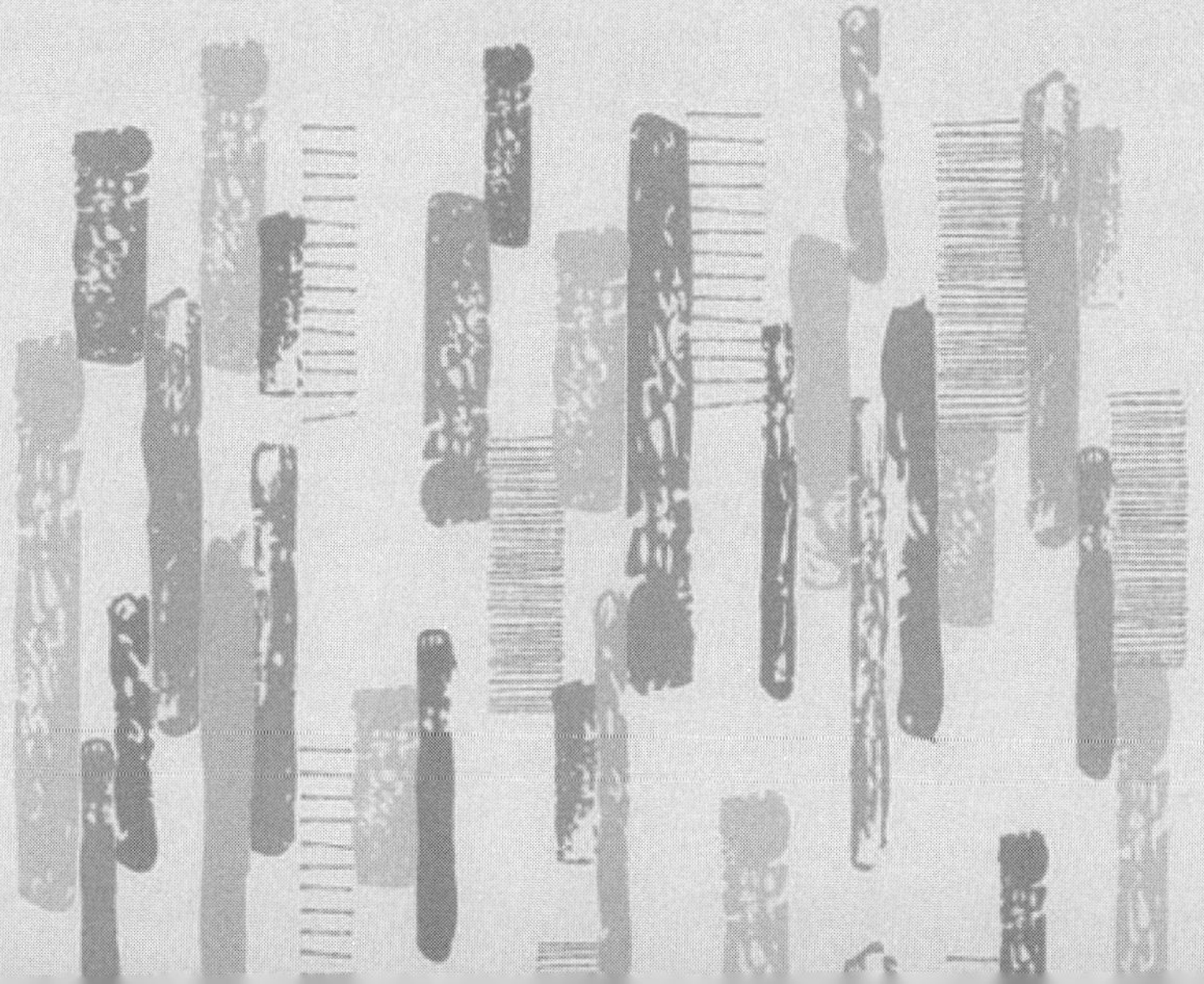

騒がしくなるテレビ情報誌市場

テレビ情報誌は、1962年に創刊した『週刊TVガイド』と、1974年創刊の『週刊テレビファン』の流れを組む『週刊テレビ番組』の週刊誌2誌の時代が、1980年代初頭まで続いた。この2誌以外に全くなかったというわけではない。たとえば1969年には集英社から、純粋なテレビ情報誌とはいえないが、1週間分のテレビ番組表を掲載した『週刊ホーム』が創刊されている。10月29日号として創刊、「TV番組予告編」と題して10月17日～23日の番組表を掲載したが、12月17日号を最後に番組表の掲載を休止し、12月24日号からは「種目別番組表」というジャンル別番組表に変更となった。1970年2月25日号をもって休刊となっている。

いずれにしても、1980年代に発行されていた2つの週刊テレビ情報誌は、東京ニュース通信社と東京ポストという、どちらも比較的小規模な出版社から発行されていた。週刊誌といっても、派手なスクープ合戦があるわけでもない。出版業界の片隅で堅実に発行されていたともいえる。

そんなところに、1982年、角川書店という総合出版社が『ザテレビジョン』で参入した。同じ年に大手出版社の小学館が隔週刊誌『Telepal（テレパル）』を創刊、翌年には学習研究社（現・学研ホールディングス）が『週刊テレビライフ』を創刊して、テレビ情報誌市場がにわかに騒がしくなってきた。

『ザテレビジョン』の創刊

『ザテレビジョン』企画の発案者は、ＫＡＤＯＫＡＷＡ（当時は角川書店）の角川歴彦（元取締役会長）である。元角川書店取締役である佐藤吉之輔の記述によれば、きっかけは、１９７０年に参加した東販（現・トーハン）主催による欧米知識産業視察団に参加してアメリカへ行ったときだったと言う。当時のタイム・インク社を訪問した際、先方の副社長から、今アメリカで売れているというくつかの雑誌を紹介され、「世界で一番小さな雑誌で、一番大きな雑誌だ」と言って『ＴＶ ＧＵＩＤＥ』を見せられた。なんと、毎週２０００万部近い部数があると言う。テレビ情報誌は、すでに日本には『週刊ＴＶガイド』があったが、さらなる需要はあると考えた。アメリカの人口はおよそ2億５０００万人、日本は3分の1強の1億人である。『ＴＶ ＧＵＩＤＥ』が１８００万部売れているとすれば、日本国内にも６００万部の需要があると想定できる。先行する『週刊ＴＶガイド』の発行部数60万部を差し引いてたとしても、５４０万部の需要がある……。帰国してからも、アメリカで見た『ＴＶ ＧＵＩＤＥ』のことがずっと頭の中に残っていた。その後、角川書店は、角川映画とともに角川文庫が大ヒットし、社の業績が大きくアップした。これを機に、1982年9月、いよいよ『週刊カドカワ　ザテレビジョン』を創刊した(註1)。『ザテレビジョン』も『週刊TVガイド』同様、創刊のきっかけになったのはアメリカの『TV GUIDE』だったということになる。

角川書店は、1945年に角川源義が創立した出版社である。1949年に角川文庫を創刊、1954年に株式会社となり、主に辞書や教科書、文芸書などを出版していた。1975年、源義社長の死去に伴い、長男の春樹が社長となり、次男の歴彦は専務となった。1976年に春樹社長は角川春樹事務所を設立し、映画製作にも進出。映画と原作本のメディアミックスを展開し、横溝正史『犬神家の一族』を皮切りに、森村誠一『人間の証明』、『野性の証明』などのヒット作を連発した。「読んでから見るか、見てから読むか」という印象的なキャッチコピーも話題を集めた。

創業者の源義は、生前、週刊誌の発行には否定的な考えであったという。かつて角川歴彦を取材した日経産業新聞の記事にこう記されている。

父は生前、「おれの目の黒いうちは、週刊誌と漫画とポルノ雑誌を出すことは許さない」と言っていた。僕はこの後、週刊誌と漫画の分野を手掛けることになるが、父が生きている間はどちらの事業もできなかった。兄が映画事業にのめり込めたのも、父がいなくなったためだ。父を否定することで新しい時代を切り開いたともいえる。（註2）

『ザテレビジョン』は、判型を『週刊TVガイド』より大判のAB判とした。番組表は1日分を見開き2ページとし、他誌に先駆けて2色刷りで掲載した。創刊号は152ページ、特別定価180円で、表紙は角川映画でデビューした薬師丸ひろ子を起用した。薬師丸は1978年に角川映画『野性の証明』でデビュー、1981年には映画『セーラー服と機関銃』に出演し、自ら歌った同名の主題歌もヒットし、当時絶大な人気があった。創刊号の表紙ではレモンをかじっている。ちなみに、『ザテレビジョン』といえばレモンの表紙が定番だが、表紙でレモンを持つようになったのは、1986年3月14日号の荻野目洋子からである。

創刊号のキャッチフレーズは「テレビと遊ぶ本」。「うれしはずかし創刊号」と記されていた。若者を意識した誌面作りで、創刊当初はFMラジオの番組表も掲載していた。

巻頭特集は「10月新番組特集第1弾　街は秋、新しいテレビがやってくる。」で、グラビアは篠山紀信撮影による薬師丸ひろ子。その他の特集としては「大感激特集　ワイ！ワイ！ワイ！結成20周年ビートルズがやって来た」や「独占!!初公開　オフコースの映像活動宣言」といったラインアップであった。特別寄稿・筑紫哲也「活性化せよ世界を」といった記事も載っている。

なお、『週刊カドカワ』の題号は、1985年7月26日号を最後に使っていない。

新しいテレビ情報誌を創る

第1章で記したように、『ザテレビジョン』創刊にあたっては、即戦力の編集スタッフの多くを、先行誌である『週刊TVガイド』から引き抜いている。

当時の話を、創刊メンバーである秋山光次と太田修に聞いた（註3）。両氏とも東京ニュース通信社『週刊TVガイド』からの転職組で、最初に秋山が転職、少し遅れて太田が移った。

秋山はのちに『テレビコスモス』や『プレミア日本版』の編集長を歴任、台北やシンガポールでの新規事業を立ち上げた後、2004年に退社、翌年に編集制作会社「マージーサイド」を設立した。太田はのちに角川ザテレビジョン、角川マーケティング、角川マガジンズの社長を歴任したのちKADOKAWA取締役に就任、2021年に退任した。両氏はともに1955年生まれである。

秋山「当時のTVガイドの誌面はちっちゃくて、〝茶の間の茶〟っていう連載があったくらい、本当に昭和のお茶の間の雑誌みたいなイメージだったんです。でも、あの時代はもう既に雑誌はビジュアル化して大判化されてる時代だったし、テレビも音声多重、ステレオ放送が始まったんですね。さらに、これからケーブルテレビの時代が来るんじゃないかみたいな、そういうメディアの大きな動きの中で、もう〝茶の間の茶〟じゃないだろうって感じだった。そういう不満はたまってましたね」

特に強い不満を持っていたのは、秋山や太田よりももう少し上の、いわゆる団塊の世代の編集者たちだった。彼らは「TVガイドの変革」といった試案を書いて上司に提出したりしていたと言う。

太田「ある意味、彼らは革命が好きな世代なんですよね。だから、どうしてもいまひとつ物足りないなって雰囲気があって、何か革命を起こしたっていうのが早い話じゃないですかね。社会的にどうのじゃなくて、雑誌に対しての過激派っていう言い方が一番ぴったり」

引き抜きの動きは当然、秘密裡に行われた。角川書店で新しいテレビ情報誌を創刊するという誘いを受け退職を決断したわけだが、実際に移ってみてどうだったのだろうか。

秋山「最初7人だったんですよ。プロダクション北斗って名前で、北斗七星からもじって、7人で始めた。で、それから7人なんかで創刊できるわけないじゃんって話になって、第2陣に声をかけ始めた。実際、騙されたみたいなもんですよ。身分保障なんてのは全然ない。角川の社員になれるんじゃないのって思ってたので、え？　なに、プロダクション北斗って」

太田「2年ですね。要は、創刊して全国14版体制になるのが1984年です。だから2年間は別会社の編集プロダクションでした」

創刊にあたって即戦力として求められたのは、やはり番組表の制作だったのだろうか。

秋山「やっぱり番組表ですね。TVガイドみたいな雑誌っていうのは、大手の出版社は出せないって言ってたんですよ。要は番組表を作るのが大変で、そんなに手間かけて一つの雑誌なんか作れませんっていうのがありましたよね」

太田「実はその辺が、結構ずさんでした。番組表を知ってるスタッフってあんまりいなかったんです。僕はもともと（ラジオ・テレビの番組情報）配信部署にいたりしたので、記者はどう

やったらいいかとか、テレビ局の取材はどうするかっていうのを、一応整備したんですけど、やっぱり大変でしたよ。信じられないと思うんですけど、最初の何年かはワープロでカタカタカタカタ番組表を作ってたんですよ。当初は東・西2版と全国版しかなかったんで、一応まかなえたんですよね。だから版を増やしていくっていうのに間に合わなくなって、大日本印刷のＣＴＳ（電算植字システム〈筆者注〉）で番組表を作るようになりました。その3版体制から5版にして、そのあと全国14版にしたのは結構早かったですね」

秋山「そう、最初は僕らもね、東版・西版・中部版ぐらいあればいいんじゃないって言ってたら、営業サイドから『角川で出す出版物で、全国じゃないものなんか出せるか』って言われたんですよ。で、全国に配本をするような企画を考えろってときに全国版っていうのを作ったんだよね。いわゆる番組表じゃなくて、表組みに何時にキー局の〇〇系って記載してあるようなものを」

創刊にあたって、先行誌である『週刊ＴＶガイド』のことは、やはり意識をしていたのだろうか。

秋山「それはすごく意識しましたね。最初、編集会議でも『ガイドではできないことをやろうぜ』みたいなのが、やっぱりありました。まずとにかく判型からしてそうですよね。ＡＢ判、当時の『ポパイ』と同じです。これが一番最初の媒体資料なんですけど（図４）、やっぱりこういうのをやりたかったんですよ。要するにテレビは子どもやじいさんばあさんのものじゃないみたいなのがあって、もういきなりこういう中東の報道写真とか、こういうことやろうよって。また既存誌との違いを出そうということもあって、ＦＭの番組表もつけたりしてたんですよね」

しかし、いざ編集部に参加してみると、もう創刊まであまり時間がなかった。とにかく想像を絶する激務が待っていた。

秋山「１人ずつスタッフ集めて、６月にとにかく会社を作って、それでいつ創刊ですかって聞いたら、９月だと。ええっ？　秋の新番組？　９月ってことは、もう８月の終わりには入稿が始まるみたいな、そういうスケジュールで。その２カ月間はもう本当に地獄のような日々でした。でも仕事自体は楽しかったですね。いや、苦しいこともいっぱいありましたよ。心理的というより、業務的なことで苦しいことはいっぱいあった」

太田「やっぱり、みんな若かったんですよ。はっきり言って、あんまり将来のことを真剣に考

図4『ザテレビジョン』創刊媒体資料（表紙、P.2～P.3　※秋山氏提供）

えてたやつなんかいなくて、とにかく雑誌のことばっかり考えてた。要は将来のことより、次の号が出るかどうかの方が心配でしたよね」

当時の編集部は、ある程度リーダーシップを持つ立場の人でもせいぜい30歳から30代半ば、現場は20代半ばから後半くらいで、上司と部下の年齢差もあまりなかった。とにかく若い編集部だった。

太田「本当に毎日帰れなかったですからね」

秋山「ずっとみんな徹夜が続いてて、やっと今日は帰れると思って帰った日は台風だったんです。そしたら台風の日の夜中に電話がかかってきて『おう、なんでみんな帰ってんだよ』って言われて、『今から会議だ』と。朝の4時ですよ。毎号発売後の会議では『この特集やったの誰だ』と査問されて『お前、こんな特集やって売れると思うのか！』とか責められて。もうまるで連合赤軍事件の総括ですよ（笑）」

業務的に苦しいことは、徹夜続きの編集作業だけでなく、テレビ局や芸能界との関係でも苦労があったようだ。

秋山「まず僕らが東京ニュース通信社をやめたことによって、芸能界の猛反発があったんですよ。あんな東京ニュースをやめた奴らのところには協力しないって話が結構あって、しばらく出入り禁止の事務所とかありましたよ。テレビ局も最初は風当たりが強かったですね。応援してくれる人もいたけど、現場はなかなかそうもいかなかった。最初は、もうやっぱり売れなかったからそうだったんですけど、部数を重ねていくうちに無視はできなくなってきて、徐々に変わりましたけど。いや、でもやっぱり東京ニュースには本当に迷惑かけましたよね、すごく。当時『噂の真相』なんかにもずいぶん書かれて、２０００万もらって移籍したとかね、どこにあるんだよそんなお金って話ですけど（笑）」

かくして、『ザテレビジョン』はなんとか創刊にこぎつけた。秋山は後年、創刊号についてこう記している。

大々的なＴＶＣＭの洪水で華々しいスタートを切ったが、出来上がった内容は正直褒められたものではなかった、表紙のキャッチにつけられた「うれしはずかし創刊号」のままである。バラバラの台割、やっつけ感丸出しの特集記事、混乱が誌面に如実に表れていた。

創刊号は約60万部。３億を超す宣伝費と角川ブランドの販売営業で、なんとか恰好は付いたが、２号目以降、部数は伸び悩み、５号目を過ぎて30万部に落ち込んだ。（註４）

華々しいスタートではあったが、実際は、創刊号から好調なスタートダッシュとはいかなかった。その後、『ザテレビジョン』は長く赤字が続くことになる。

秋山「9月の22日が創刊だったんですけど、もうその年の7号目ぐらいから廃刊じゃないかって言われてて。それで年末に合併号出したら、すごい売れて、あれでなんとか息を吹き返して、その次の号が郷ひろみの表紙で、それがかっこいい表紙だったんですよ。それが結構歩留まり（全体に対する成果の割合〈筆者注〉）が良くて」

太田「結局、単号で黒字が出たのは創刊して2年後です。5万円の黒字（笑）」

秋山「累積の赤字14億８０００万円を全部返したのが創刊7年目だっけ。当時、本社に呼ばれて会議とか行くじゃないですか。『あのときザテレビジョンなんてやらなかったら銀座にビル建てられたんだよな』なんてよく言われましたから。組合のビラが貼ってあって、こんなものを作るから我々の給料が出ないって貼られちゃうんですよ、表紙を。みんなあのときはすごく悔しくてね」

角川歴彦は当時のことを「社内では冷たい視線を浴びたが、角川文庫の売れ行きが好調だったため、発行し続けることができた」（註5）としている。『週刊TVガイド』に『シッピング・アンド・トレード・ニュース』という後ろ盾があったように、『ザテレビジョン』にとっての後ろ盾は角川文庫であったということだろう。いかに週刊誌を発行し続けるということが難しいことなのかがわかる。

そんな『ザテレビジョン』は、ファミリー向けの『週刊TVガイド』に対して、若者向けに編集した誌面や、角川映画とのメディアミックス、印象的なサウンドロゴによる大量宣伝もあって、徐々に部数を増やしていった。角川歴彦によれば「発行部数は最大で百三十万部まで伸びた」（註6）ということである。

バラエティーに富んでいた表紙

表3は、『ザテレビジョン』創刊から1年間の表紙ラインアップである。併せて同週発売の『週刊TVガイド』の表紙も並べてみた。創刊間もない『ザテレビジョン』は、表紙撮影ができずに、既存の写真を借りて表紙に使ったこともあったという。しかし、現在のテレビ情報誌の表紙と比較すると、タレントだけに限らず、スポーツ選手や映画やイベントなど、その週の話題の人物に主眼を置いた、かなりバラエティーに富んだラインアップであったことが見て取れる。

特に『ザテレビジョン』は、版元が映画製作に力を入れていたこともあり、『鎌田行進曲』の松坂慶子（1982年10月15日号）や、『時をかける少女』の原田知世（1983年3月4日号）、『探偵物語』の薬師丸ひろ子（同4月8日号）などといった角川映画からの表紙も多い。

特に目を引くのは、1983年5月13日号の「ゴジラ」と、同年5月27日号の「タイガーマスク」だ。

秋山「最初の頃に、いろいろやったんだけどなかなか売れなかったんですよ。で、上の人も煮詰まったのか『お前ら若手も何か企画考えろよ』って言われて、SF－TV特集でゴジラを表

紙にしたいという企画が出て、僕はその次に『あの、プロレスやりたいです』って言って、タイガーマスクの表紙でプロレス特集をやった。考えてみれば上の人っていっても若いから、今思えば小僧だよね。30歳くらいだもの、みんな」

ところが、この若手が企画した2号が相次いで書店に並ぶと、編集部に直接読者から特集に対する問い合わせの電話が殺到した。販売成績も上々で完売店も出たほどであった。秋山はこのとき、「自分たちが面白いと本当に思っていなければ読む側にも面白いとは思われない、単純かつ当たり前のことだが、創刊以来一番欠けていたのもこの基本部分ではなかったのか？」（註7）とあらためて気づいたと言う。

両誌の表紙がこの1年間でまったく同一の人選であったのは、1983年1月7日号の黒柳徹子、山川静夫と、同3月25日号の田中邦衛、吉岡秀隆、中嶋朋子であった。前者は年末年始合併号で『NHK紅白歌合戦』司会者の2人、後者はスペシャルドラマ『北の国から'83冬』（フジテレビ系）の放送に合わせての表紙である。

そのほかにも、まったく同じメンバーではないが、同一人物が両誌に掲載された表紙は3件あった。1982年10月22日号・西田敏行（日本テレビミュージカルドラマ『夏の王様』）、同11月

表3／『ザテレビジョン』『週刊TVガイド』表紙一覧

		ザテレビジョン	週刊TVガイド
1	1982年10月1日号	薬師丸ひろ子	映画「未知との遭遇」
2	1982年10月8日号	長嶋茂雄	武田鉄矢、名取裕子、杉田かおる
3	1982年10月15日号	松坂慶子	岡本綾子ほか
4	1982年10月22日号	西田敏行	西田敏行、坂口良子、林隆三
5	1982年10月29日号	ジョン・マッケンロー	水谷豊、伊藤蘭
6	1982年11月5日号	夏目雅子	ジミー・コナーズ
7	1982年11月12日号	山田邦子	里見浩太朗
8	1982年11月19日号	武田鉄矢	武田鉄矢、夏目雅子
9	1982年11月26日号	岩崎宏美	萩本欽一、中原理恵
10	1982年12月3日号	石原真理子	シブがき隊
11	1982年12月10日号	ジョン・レノン	緒形拳
12	1982年12月17日号	松本伊代	ビートたけし、明石家さんま
13	1982年12月24日号	松田聖子	石原裕次郎
14	1983年1月7日号	黒柳徹子、山川静夫	黒柳徹子、山川静夫
15	1983年1月14日号	郷ひろみ	滝田栄、池上季実子
16	1983年1月21日号	中森明菜	松田聖子
17	1983年1月28日号	伊武雅刀	かとうかずこ
18	1983年2月4日号	街頭でテレビを見る人々	楠田枝里子
19	1983年2月11日号	名取裕子	寺島純子
20	1983年2月18日号	倉本昌弘	藤田まこと、鮎川いずみ、三田村邦彦
21	1983年2月25日号	堀ちえみ	山岡久乃、杉田かおる
22	1983年3月4日号	原田知世	三田寛子、国広富之
23	1983年3月11日号	中原理恵	久米宏
24	1983年3月18日号	フリオ・イグレシアス	ボストン美術博物館
25	1983年3月25日号	田中邦衛、吉岡秀隆、中嶋朋子	田中邦衛、吉岡秀隆、中嶋朋子
26	1983年4月1日号	ニカウさん	武田鉄矢
27	1983年4月8日号	薬師丸ひろ子	西田敏行、かわずるちづえ
28	1983年4月15日号	岸本加代子	ビヨン・ボルグ
29	1983年4月22日号	大原麗子	沢田研二
30	1983年4月29日号	岩崎宏美	美保純
31	1983年5月6日号	風間杜夫	わらべ（高部知子、倉沢淳美、高橋真美）
32	1983年5月13日号	ゴジラ	フリオ・イグレシアス
33	1983年5月20日号	大地真央	柏原芳恵
34	1983年5月27日号	タイガーマスク	荻野目慶子、マリアン
35	1983年6月3日号	アン・ルイス	秋本奈緒美
36	1983年6月10日号	沢田研二	宮崎緑
37	1983年6月17日号	R2-D2、C3-PO	手塚理美、中井貴一
38	1983年6月24日号	田中裕子	紺野美沙子
39	1983年7月1日号	原田知世	頼近美津子
40	1983年7月8日号	早見優	中村雅俊
41	1983年7月15日号	小林麻美	芦屋雁之助
42	1983年7月22日号	渡辺貞夫	田原俊彦
43	1983年7月29日号	田中裕子、小林綾子	小林綾子
44	1983年8月5日号	藤田まこと	堀ちえみ
45	1983年8月12日号	サザンオールスターズ	松本伊代
46	1983年8月19日号	伊藤麻衣子	近藤真彦
47	1983年8月26日号	古手川祐子	萩本欽一、沢田亜矢子、徳光和夫
48	1983年9月2日号	月光仮面	中山美穂
49	1983年9月9日号	渡辺めぐみ	神田正輝
50	1983年9月16日号	桂文珍	伊藤麻衣子
51	1983年9月23日号	手塚理美	佐藤B作、風見慎吾、小西博之

19日号・武田鉄矢（『幕末青春グラフィティ　坂本竜馬』）、1983年7月29日号・小林綾子（NHK『おしん』および『おしん・少女編』再放送）である。まだテレビ情報誌の種類も少なく、現在と状況は異なるとしても、全誌同じタレントの表紙で埋め尽くされることの多い昨今のテレビ情報誌とはかなり違っている。

週刊テレビ情報誌の変遷

1960年前後にいくつか誕生した週刊テレビ情報誌はどれも短命に終わり、世の中にテレビ情報誌というものが根付いたのは、1962年創刊の『週刊TVガイド』（東京ニュース通信社）以降ということになるだろう。その後、1974年創刊の『週刊テレビファン』（共同通信社）が『週刊テレビ番組』（東京ポスト）となり、長く2誌の時代が続いたことは前述した。『週刊テレビ番組』は『週刊テレビファン』時代からの連載企画として、1回分のドラマの脚本をまるごと掲載するというものがあった。ドラマファンには人気の企画だったが、同誌は1997年に版元の解散により廃刊となった。

そして、1982年に『ザテレビジョン』（角川書店）が創刊。その後、続々と大手出版社が参入を始め、同じ年に隔週刊誌の『テレパル』（小学館）が創刊、1983年には『週刊テレビライフ』（学習研究社）が創刊した。『テレパル』は2002年に休刊したが、『テレビライフ』は1993年に隔週刊誌にリニューアルし、2023年現在も発行を続けている。

1990年にはNHKの『グラフNHK』が、週刊テレビ情報誌『NHKウィークリーSTERA』（NHKサービスセンター）としてリニューアルした。『グラフNHK』は、NHKの番組の見どころや撮影裏話等を紹介するPR誌であったが、『NHKウィークリーステラ』としてリニューアルしたあとは、番組の見どころに加えて、毎号NHKのみではあるが、地上波、BS、ラジオの番組表を掲載するようになった。さらに2004年からは、NHK（地上波、BS、ラジオ）に加えて、民放テレビの番組表も掲載するようになり、NHKだけではない、週刊のテレビ情報誌として発行されていた。しかし、2022年3月30日発売号をもって休刊、その長い歴史に幕を閉じた。休刊の理由としてホームページ上に「デジタルテレビの普及により最新の放送予定がテレビ画面上で容易に確認できるようになり、また、簡単に番組情報を入手できるインターネット環境も大きく広がりました。そうした状況を総合的に検討した結果、『ステラ』を休刊することといたしました」（註8）と発表した。

『ザテレビジョン』の休刊

佐藤吉之輔は、角川書店のテレビ情報誌発展のポイントとして、①放送地域別の拡張、②週刊から月刊への人気の移行、③読者対象別による分化、④テレビメディアの発展への対応、⑤クロスメディア事業の開拓、という5つを挙げている。１９８２年に『ザテレビジョン』でテレビ情報誌に参入した角川書店は、週刊から月刊への移行を成功させ、１９９９年に角川インタラクティブ・メディアを設立、紙媒体にとどまらず「ｗｅｂザテレビジョン」や「ケータイザテレビジョン」といった新事業に発展させていった（註9）。

しかし、テレビ情報誌市場は次第に週刊誌から月刊誌へとシフトしていき、週刊テレビ情報誌の市場は縮小傾向にあった。そして、週刊『ザテレビジョン』は、２０２３年3月1日発売号をもって休刊となり、41年の歴史に幕を下ろした。『ＴＶガイド』とともに2大週刊テレビ情報誌としてしのぎを削ってきたが、ついに週刊誌は『ＴＶガイド』のみとなってしまった。『ザテレビジョン』は休刊となったが、『月刊ザテレビジョン』への統合というかたちで、週刊『ザテレビジョン』に掲載されていた企画や連載の一部は『月刊ザテレビジョン』に引き継がれた。

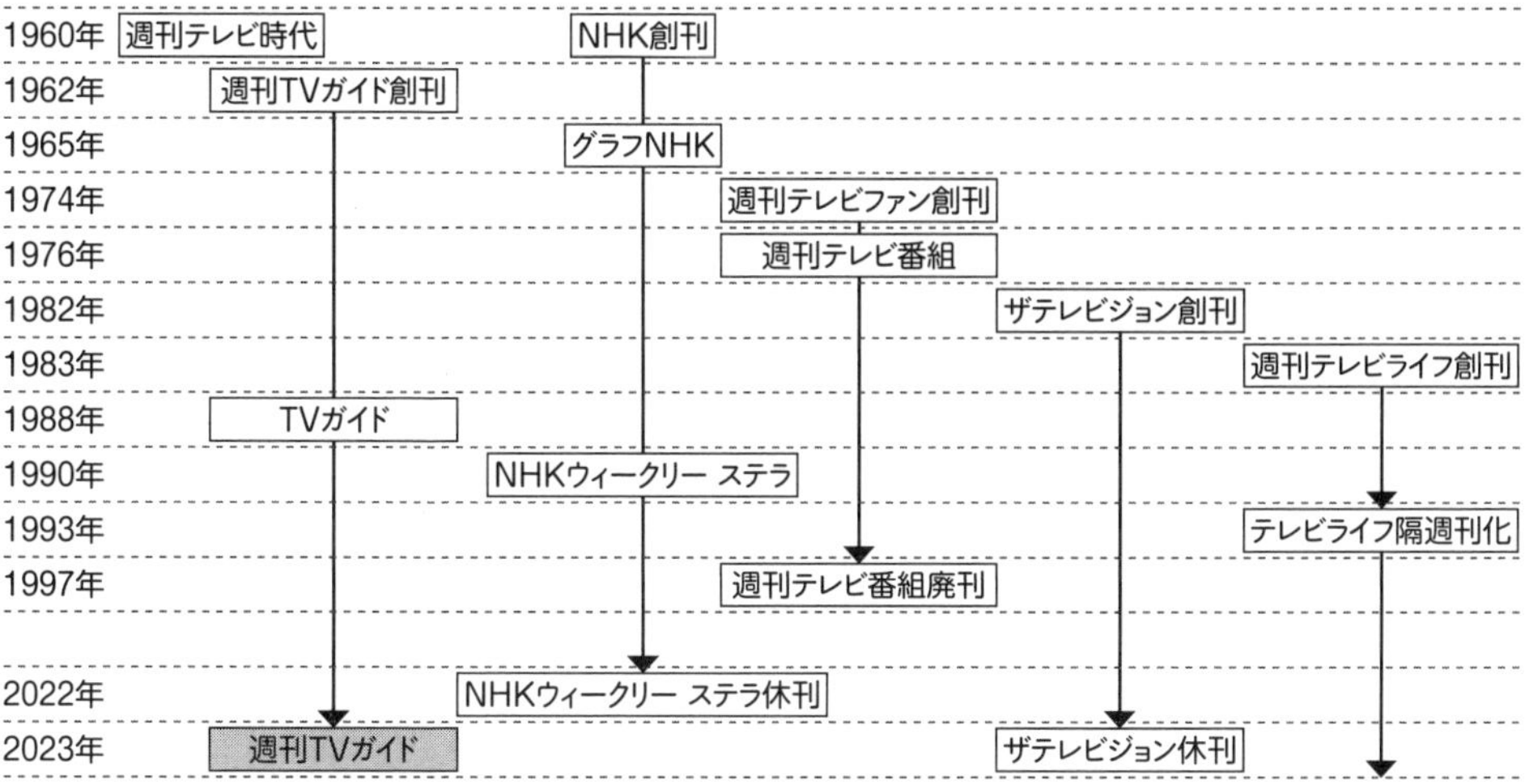

図5 ／主な週刊テレビ情報誌の変遷

『ザテレビジョン』の休刊にあたって、創刊メンバーの２人はどのような思いでいるのだろうか。

太田「多分、週刊誌は採算的にはどちらも苦しい状況になっているのは間違いないと思うんですけど、僕は角川マガジンズっていう会社で発行していたときにずっと考えていたんですが、やっぱり、これをやるにはＫＡＤＯＫＡＷＡはガタイがデカすぎます。当時グループの社員が３０００人ぐらいいたんですね。そうすると細かい話ですが、原価計算上、全部ではないにしても、何らかのかたちで間接的に雑誌のコストに影響するわけですよ。やっぱりテレビ情報誌は数百人の会社の本じゃないかなって気がしてます」

秋山「やっぱりもうデジタル媒体に変わっていくって話ですよね、基本的には。そちらがほぼ主流を占めちゃってるという会社になっているし。もちろん稼ぎ頭のときにはオンリーワンだったんですけど、だんだんワンノブゼムになってくる。そうなるとビジネスの観点から切ってもいいのではとなるのでしょうね」

2023年11月現在、週刊のテレビ情報誌は『週刊TVガイド』1誌となった（図5）。同誌は、1988年に誌名を『TVガイド』に変更したが、唯一の週刊誌となった2023年に、あらためて誌名を『週刊TVガイド』に戻している。

（註1）佐藤吉之輔『全てはここから始まる 角川グループは何を目指すか』（角川グループホールディングス、2007年）80―83頁
（註2）日経産業新聞、2002年7月17日付「仕事人秘録」
（註3）インタビューは2023年3月20日に実施した。
（註4）秋山光次「第1回マガジンデイズ 雑誌のことしか頭になかったあの頃」『トイズアップ！』7号（トイズプレス、2015年）16頁
（註5）日経産業新聞、2002年7月18日付「仕事人秘録」
（註6）前掲紙
（註7）秋山光次「第1回マガジンデイズ 雑誌のことしか頭になかったあの頃」『トイズアップ！』7号（トイズプレス、2015年）17頁
（註8）NHKウィークリー『ステラ』休刊のお知らせ https://www.nhk-fdn.or.jp/stera/pdf/stera_info_20210831.pdf（2023年6月14日閲覧）
（註9）佐藤吉之輔『全てがここから始まる 角川グループは何をめざすか』（角川グループホールディングス、2007年）306―308頁

第3章

若者雑誌を志向した隔週刊テレビ情報誌の誕生

それはエアチェックから始まった

1982年、『ザテレビジョン』が創刊したその年の12月、小学館から初めての隔週刊テレビ情報誌『テレパル』が創刊された。大手出版社からのテレビ情報誌新規参入である。以後、隔週刊誌はしばらくこの1誌だけだったが、5年後の1987年、7月に『TV Bros.(テレビブロス)』(東京ニュース通信社)、9月に『TV station(テレビステーション)』(ダイヤモンド社)、12月に『TVぴあ』(ぴあ)と創刊が続き、隔週刊テレビ情報誌は一気に4誌を数えるまでになった。

隔週刊テレビ情報誌が相次いで創刊した背景には、家庭用ビデオデッキ(VTR)の普及が大きいと考えられる。1975年に発売になった家庭用VTRの、1987年時点での普及率は43%となっていた(註1)。番組予約録画が普及したことによって、これまでの週刊誌より長い期間の番組表が求められていた。

『テレパル』が創刊した当時、ビデオ録画は、もちろんテレビのタイムシフト視聴という側面もあるが、どちらかと言えば、繰り返し見たい番組をビデオに録画してコレクションしておくという側面も大きかった。録画したビデオカセットをコレクションするという行為のルーツは、１９７０年代に若者を中心に人気を集めた「ＦＭエアチェック」にある。「ＦＭエアチェック」とは、高音質かつステレオで放送されるＦＭ放送の音楽をカセットテープに録音してコレクションすることを言う。この「ＦＭエアチェック」が当時の若者を中心に大きなブームとなり、ＦＭ放送の番組表と、放送される曲目までを掲載したＦＭ情報誌が人気を博した。「ＦＭエアチェック」について、メディア・プロデューサーの入江たのしは「まだまだ高価だったレコードの楽曲を無料で録音できる、現在で言えば「配信ダウンロードサービス」ともいえるシステムが、ＦＭ放送というインフラで実現。」（註２）と指摘しているが、まさにＦＭ放送は、当時の若者にとって、レコードに代わる重要な音楽供給源であったと言える。

ＦＭ放送は１９５７年にＮＨＫ－ＦＭが実験放送を開始したもので、高音質なステレオ放送だったため音楽中心の放送が多かった。１９７０年４月に民放局であるエフエム東京が開局し、東京では長く2局体制が続いた。

最初のＦＭ情報誌は、１９６６年に共同通信社から隔週刊誌として創刊された『ＦＭ ｆａｎ』で、まだＮＨＫ－ＦＭ 1局の時代であった。ＦＭ ｆａｎ元編集長の丸山幸子によれば、当時は新聞に番組表が掲載されておらず、「ＮＨＫの方から「番組表を載せた雑誌を創れないか」と打診があり、66年6月に1万５０００部で創刊された経緯」（註３）があると言う。当時のＦＭの番組はクラシック音楽が中心で、ＦＭ情報誌もクラシックの記事やオーディオに関する記事が多かった。

その後、１９７１年に音楽之友社から『週刊ＦＭ』、１９７４年に小学館から『ＦＭレコパル』、１９８１年にダイヤモンド社から『ＦＭステーション』が創刊された。これらのＦＭ情報誌はすべて隔週刊誌で、２週間分のＦＭ番組表を掲載し、一時は４誌がしのぎを削る状態であった。特に後発だった『ＦＭレコパル』と『ＦＭステーション』はエアチェックしたカセットテープのケースに入れるレーベルを付けるなど、若者を意識した雑誌作りがなされていた。『ザテレビジョン』にもテレビ番組表とともにＦＭ番組表が掲載されていたが、これも若者を意識したテレビ情報誌という側面があったと考えられる。

一世を風靡したＦＭエアチェックであったが、レンタルレコード、レンタルＣＤの登場などによりエアチェックの必要性が薄れ、ＦＭ放送も多局化によって、ＦＭ放送が純粋な音楽番組というより、ＤＪ（ディスク・ジョッキー）のトークを中心に展開するようなスタイルに変わっていった。それは、ある意味ＦＭのＡＭ化ともいえる。音楽を聴かせるというよりも、生放送で生活情報等の合間に音楽を入れていくというかたちである。もうひとつは、１９８８年に開局したＪ－ＷＡＶＥの出現が大きい。バイリンガルのＤＪを中心に、音楽の上にトークがかぶさるアメリカン・スタイルの放送は、これまでのエアチェックのように音楽だけを録音することは困難になり、ＦＭ情報誌はその役目を終えた。

丸山は、ＦＭ情報誌の発行が難しくなったのは、生放送が多くなったことで、放送局が事前に番組表を出さなくなったということと、「オーディオ業界の不振が重なってしまい、広告収入が激減したこと」（註４）も大きかったとしている。

次第にＦＭ放送は、エアチェックするものではなく、生活の中でＢＧＭ的に聴き流すラジオ放送に変化していく。エアチェック・ブームの終焉とともに、ＦＭ情報誌も姿を消していき、最後まで残った『ＦＭ ｆａｎ』も２００１年に休刊した。

一方、２０１４年よりＡＭ放送の難聴対策として、ＦＭ補完放送（ワイドＦＭ）が始まった。特に都市部では、高層建築が増え、ＡＭの電波よりＦＭの電波の方が届きやすい状況になっている。現在は、全国の多くのＡＭ局が、ＦＭでも同一の放送をしているが、２０２８年までに、全国47局中44局のＡＭ局がＦＭ局への転換を目指すことが発表された（註５）。放送局にとってＦＭ補完放送によるＡＭとＦＭの二重費用の負担や、ＡＭの設備更新費などがＦＭより高いといった理由も大きい。これにより近い将来ＡＭ放送はほぼなくなり、「ラジオ＝ＦＭ」ということになる。かつて、「ＡＭはトーク中心、ＦＭは音楽中心」といった棲み分けがあり、ある時期から「ＦＭ放送がＡＭ化している」などと言われて来た。しかし、すべてがＦＭとなってしまうと、その感覚すらわからない時代になるであろう。

ビデオ時代のテレビ情報誌

1982年12月に小学館から創刊された『テレパル』は、「小学館が、若者を中心ターゲットに据えて発行している〈PAL〉(「仲間」の意味)シリーズの第四弾」(註6)という位置づけで、『FMレコパル』『月刊サウンドレコパル』『BE-PAL』に続いて創刊された雑誌である。表紙には『ビッグコミック』シリーズに載っているナマズのマークが入っていた。ノンフィクション作家、ジャーナリストの滝田誠一郎によれば、ナマズのマークは、日暮修一のデザインによるもので『ビッグコミック』1971年1月10日号から使われるようになった。その後、1974年創刊の『FMレコパル』にも使われた(註7)。

ビデオ録画を楽しむ若者にターゲットを絞り、2週間分のデイリー番組表のほか、ジャンル別エアチェックスケジュール表等を掲載していた。最初は、現在のような放送局別番組表ではなく、時間別の番組表であった。他のテレビ情報誌のような表組みの番組表になるのは、1984年3月24日号からである。

創刊号の第1特集は「ビデオコレクター大集合!」という、まさにビデオ録画に特化したものであった。「集まれ!ビデオカセットブックづくりの実戦派」というサブタイトルで、著名人から一般人までビデオ録画をしてコレクションしている人たちのビデオライフを紹介するというものであった。また「テレパル番組表大作戦」と題して、『テレパル』の番組表の使い方と、上手なビデオエアチェックの方法を5ページにわたって解説している。1983年1月29日号には切り抜いてビデオカセットに貼り付ける「ビデオカセットレーベル」も掲載されている。なお、同年2月26日号には、シールになった「テレパル特製ビデオカセットレーベル」が登場した。その後、しばらく切り抜く形のレーベルが続くが、同年9月24日号から再びシール形式が登場し、それがレギュラー化していった。

この『テレパル』創刊のアイデアは、1979年に「FMラジオのエア・チェックとテレビ番組のビデオ録画の新しい楽しみ方を提案する雑誌」（註8）として創刊した『サウンドレコパル』が発展したものであった。『サウンドレコパル』は創刊号から、番組表こそ載せてはいないが、「ジャンル別TV番組ガイド」として、ビデオ録画をふまえた番組情報を掲載していた。

『テレパル』創刊号は東版・西版合わせて28万5000部の発行部数（註9）でスタートしたが、1987年には東版・中部版・西版の3版体制で70万部まで伸ばしていた（註10）。

井家上隆幸は『テレパル』創刊予告の「生活にテレビ情報を生かすビデオ・カセットブックづくりを提案します。」という一文を引きながら、次のように指摘している。

二週間分のジャンル別番組表に、ビデオ収録のための必須データを載せるという『テレパル』の雑誌づくりは、当然のことながら老舗『TVガイド』を強く刺激している。「『ザテレビジョン』の角川よりも小学館が強敵」だと危機感を持ったといってもいい。だからといって、固定読者の多い『TVガイド』の編集方針を大幅に変更するのは冒険である。(註11)

『TVガイド』を発行する東京ニュース通信社は、1981年12月と1982年7月に「週刊TVガイド臨時増刊」として、ビデオ情報とジャンル別の番組情報が掲載された『月刊ビデオコレクション』を発刊した。この2回の臨時増刊号ののち、1982年『月刊ビデオコレクション』を創刊している。「VIDEO★LIBRARY」と称して、切り抜いて使うビデオカセット用タイトルシールを掲載したほか、「月間TV番組インデックス」として、1カ月間に放送される映画やスポーツ、音楽番組等を一覧にして掲載した(註12)。

『テレパル』の登場は、それまでのテレビ情報誌と異なり、週刊誌ではなかったことや、ビデオ録画に対応しているといった点、さらに版元が小学館という大手出版社であったということなどから、既存のテレビ情報誌にとってはかなりの脅威であったことが見て取れる。

次々に創刊した隔週刊テレビ情報誌

『テレパル』の成功は、各社を隔週刊誌創刊に向かわせた。

1987年7月に、まず『テレビブロス』(東京ニュース通信社)が創刊、9月に『テレビステーション』(ダイヤモンド社)、12月に『TVぴあ』(ぴあ)と、この年、隔週刊テレビ情報誌3誌が相次いで創刊した。

後発の隔週刊テレビ情報誌各誌は、先行する『テレパル』同様、番組予約録画を強く意識しており、『テレビステーション』は、カラー番組表に加えて、VHS、β(ベータ)、いずれかのビデオカセットサイズに切り抜くことができる「特選映画レーベル」や、「特選VIDEOインデックス」というビデオ用タイトルシールなどを掲載していた。

発行元であるダイヤモンド社からはFM情報誌『FMステーション』が発行されており、そこから誕生したものが『テレビステーション』である。『FMステーション』は3誌が先行するFM雑誌の最後発誌として、1981年に創刊した。同誌の元編集長である温藏茂は、同誌のかつてのPRフレーズを著書の中で紹介している。

「『ＦＭステーション』は切り抜く雑誌です。附録のカセットレーベルだけでなく、番組表の曲目リストはもちろんエアチェックしたカセットテープのインデックスに、アーティストの写真はカセットレーベルに、欄外に印刷した欧文のアーティスト名はカセットケースの背に、どんどん切り抜いて活用してください。必要な部分をすべて切り取ったら捨ててください。ステーションは〝読む〟のではなく〝使う〟雑誌です」（註13）

『ＦＭステーション』から派生して生まれた『テレビステーション』だが、創刊に至った経緯を、当時編集長だった高橋直宏は次のように語っている。

「ＡＶ志向が高まるにしたがい、『ＦＭ』誌の中で『テレビステーション』のコーナーが占める量が増えてきて、収容しきれなくなった。広告も多いし、それなら独立させよう、といわば編集上の物理的問題だったんです。それと、『ＦＭ』の読者が低年齢化して、いまや中学生が主体。だから、『ＦＭ』を卒業した読者をこれで吸収しようという狙いもありました」（註14）

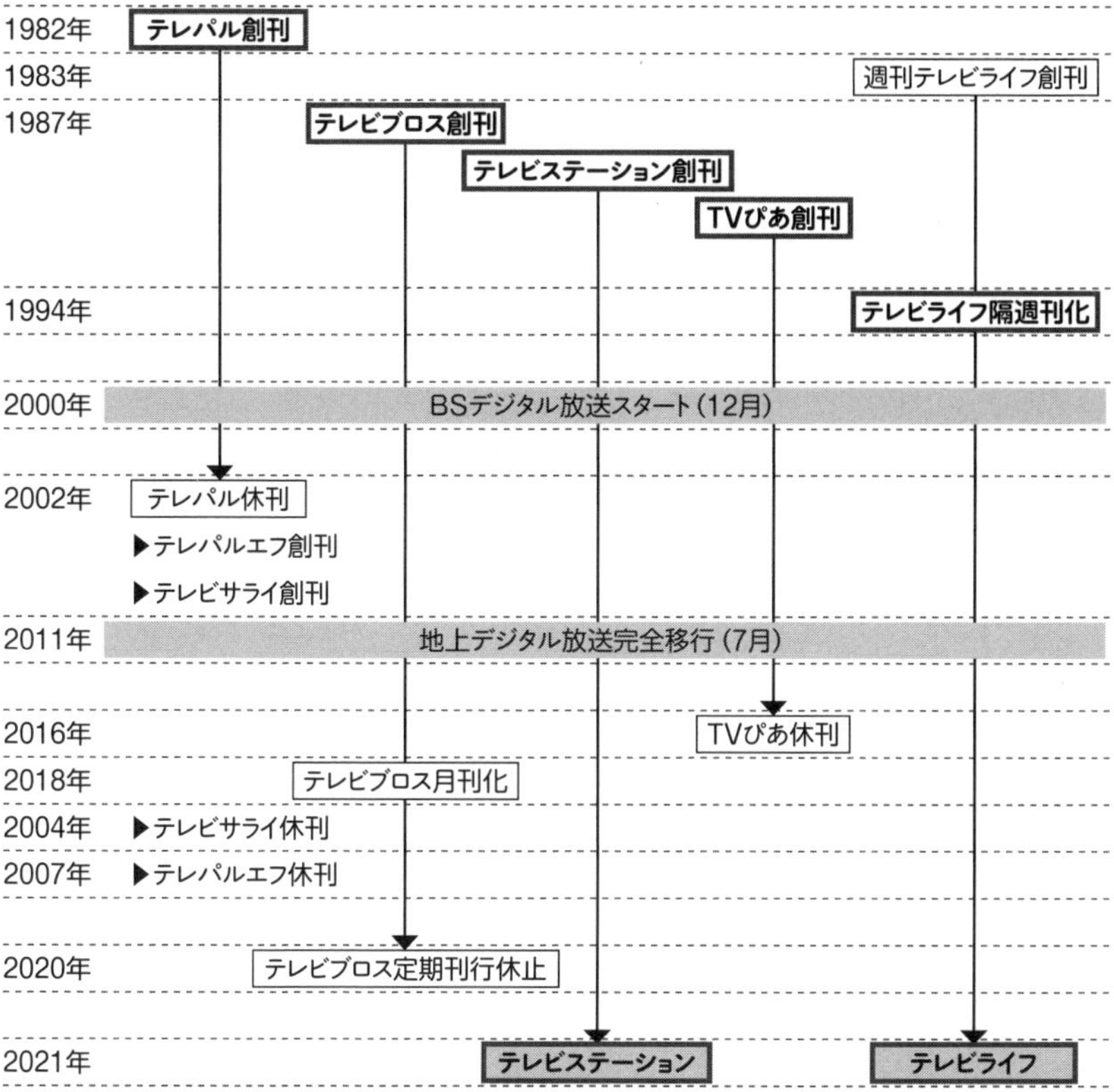
1982年
テレパル創刊
1983年
週刊テレビライフ創刊
1987年
テレビブロス創刊
テレビステーション創刊
TVぴあ創刊
1994年
テレビライフ隔週刊化
2000年
BSデジタル放送スタート（12月）
2002年
テレパル休刊
▶テレパルエフ創刊
▶テレビサライ創刊
2011年
地上デジタル放送完全移行（7月）
2016年
TVぴあ休刊
2018年
テレビブロス月刊化
2004年
▶テレビサライ休刊
2007年
▶テレパルエフ休刊
2020年
テレビブロス定期刊行休止
2021年
テレビステーション
テレビライフ

図6 ／隔週刊テレビ情報誌の変遷

当時の『FMステーション』には、音楽ビデオソフトの紹介や、テレビの音楽番組予約録画用バーコードの掲載など、FMやオーディオ関連だけでなく、映像関連の記事も増えていた。FM情報誌からの発展系という意味では、『FMレコパル』と『テレパル』の関係と似ている。当時のビデオ録画について、溝尻真也は、1980年代に入って「FMエアチェック・マニアから派生した「ビデオエアチェック・マニア」ともいうべき集団の中で、テレビ番組を録画しコレクションするための機器としてビデオを用いる感覚が、共有されるようになっていく。」(註15)と指摘している。また「各FM雑誌には、1978年頃からテレビ音楽番組の情報が掲載されるようになった。」(註16)としている。ビデオ録画は、まさに1970年代に若者を中心にブームとなったFMエアチェックの延長線上にあったと言える。

一方『TVぴあ』は、テレビで放送する映画の紹介ページが『ぴあ』本誌のイメージを踏襲した形であるなど、『ぴあ』に慣れ親しんでいる読者に強くアピールするものであった。元『キネマ旬報』編集長の掛尾良夫は「やはりぴあらしく、映画に重点を置いた内容だった」(註17)としている。創刊号の巻頭特集は「東京ビデオレンタル地図」で、都内のビデオショップの紹介をしている。レギュラー企画としてVIDEO & TV CLUBというページがあり、創刊号では「ミステリー・ゾーン大研究」と題して、深夜に再放送されていた『ミステリー・ゾーン』を取り上げている。番組表掲載期間中に放送される全映画タイトルの「ビデオシール」も付いていた。

掛尾は、ビデオ市場の誕生は『ぴあ』本誌にとっては「名画座情報の必要性が薄れるという意味では逆風だった」（註18）が、「ビデオ・カセット・レコーダーの普及は、テレビで放送される映画の録画を促進したので、1987年に創刊した『TVぴあ』にも追い風に働いた。」（註19）としている。

ルポライターの伊藤隆紹は1987年に新規参入した隔週刊誌3誌のうち、特に『TVぴあ』に注目している。「なにしろイベント情報誌のパイオニア・ぴあが、創刊十五周年を迎えた『ぴあ』に続く第二の情報誌として創刊するのである。」とし、「情報誌の雄にしては、むしろ遅すぎる参入のような気もする」としている（註20）。1972年に当時大学生だった矢内廣らが創刊した『ぴあ』は情報誌として成功し、1984年には「チケットぴあ」も本格スタート、1985年には『ぴあ』関西版も創刊しており、まさに『ぴあ』は当時、情報誌の代名詞となっていた（註21）。

ターゲットは若者だった

1987年に4誌となった隔週刊テレビ情報誌は、いずれも若者をターゲットとしていた。前述のように、当時、家庭用VTRの普及率は43％になってはいたが、まだタイムシフト視聴が一般化していたというよりは、一部のマニアや新しもの好きの若者たちがテレビで放送される映画等をビデオに録画してコレクションするという時代であった。内閣府による主要耐久消費財の普及率（註1）を見ると、VTRの普及率は2004年に82・6％に達した。VTRからハード・ディスク・レコーダーの時代になると、録画してコレクションしておくというよりも、あとで見るためにとりあえず録画しておくというタイムシフト視聴の時代になったといえる。

1987年当時のテレビの状況を見てみると、7月にNHK衛星第1（BS1）が24時間放送を開始し、同月、フジテレビは系列24局による24時間放送の特別番組『1億人のテレビ夢列島』を放送している。同年、民放各局が24時間放送を開始した。特にフジテレビは「JOCX－TV2」という新たな深夜枠を開拓している（註22）。テレビディレクター、プロデューサーでメディア研究者の松井英光は、「フジテレビは、深夜帯を新たな目的を持った編成枠として「第二のゴールデンタイム・JOCX－TV2」と命名するなど、「送り手」主導による意図的な時間帯開発に着手」（註23）したとしている。この枠で放送された深夜番組は若者を中心に支持を集め、ここから数々のヒット企画が生まれていった。また、ドラマも若者にターゲットを絞ったものが各局から放送され始めた。1987年には『パパはニュースキャスター』（TBS系）、『アナウンサーぷっつん物語』（フジテレビ系）といった業界ドラマが放送され人気を集めている（註24）。

松井は「1980年代後半の「2時間ドラマ」全盛の時期に、若者の「ドラマ離れ」が進む中で、フジテレビが「トレンディードラマ」という新たな路線を開拓して、若者層をドラマに戻すことに成功」（註25）したとしている。「いわゆるトレンディードラマの登場」（註26）とされる浅野温子、浅野ゆう子のW浅野による『抱きしめたい！』（フジテレビ）の放送が翌年（1988年）であり、この時代はまさに若者たちがテレビを見ていた時代であった。NHK放送文化研究所の佐藤喜美枝は、「トレンディ・ドラマを支持している若い世代のテレビの見方、感じ方は中高年のそれとは明らかに異なってきている。」（註27）とし、彼ら彼女らは「テレビドラマを見るとき従来のようにストーリーやキャラクターの魅力にひかれる一方、ファッションや髪型、音楽などのディテールにも注目し、自分の生活に取り入れようとしていることがわかる。」（註28）と分析している。

（註1）内閣府ホームページ・主要耐久消費財等の普及率（平成16（2004）年3月で調査終了した品目）https://www.esri.cao.go.jp/jp/stat/shouhi/shouhi.html（2021年5月19日閲覧）
（註2）入江たのし「FM放送の50年―FMがラジオに与えた影響とこれから」『民放』2020年9月号（日本民間放送連盟、2020年）25頁
（註3）丸山幸子「エアチェックとともに去りぬ」『日経ビジネス』2001年12月10日号（日経BP社、2001年）99頁
（註4）前掲書99頁
（註5）朝日新聞、2021年6月16日付

（註6）『総合ジャーナリズム研究』NO.103、'83冬季号（東京社、1983年）39頁

（註7）滝田誠一郎『ビッグコミック創刊物語―ナマズの意地』（プレジデント社、2008年）122―123頁、300頁

（註8）小学館総務局社史編纂室『小学館の80年』（小学館、2004年）347頁

（註9）前掲書347頁

（註10）伊藤隆紹「ぴあ参入で第二次テレビ情報誌戦争の幕開け」『創』1987年12月号（創出版、1987年）55頁、59頁

（註11）井家上隆幸「ビデオ時代のテレビ情報誌・異聞」『総合ジャーナリズム研究』NO.103、'83冬季号（東京社、1983年）35―36頁

（註12）1990年休刊。

（註13）温藏茂『FM雑誌と僕らの80年代『FMステーション』青春記』（河出書房新社、2009年）72頁

（註14）伊藤隆紹「ぴあ参入で第二次テレビ情報誌戦争の幕開け」『創』1997年12月号（創出版、1987）55頁

（註15）溝尻真也「日本におけるミュージックビデオ受容空間の生成過程―エアチェック・マニアの実践を通して―」『ポピュラー音楽研究』Vol.10（日本ポピュラー音楽学会、2006年）118頁

（註16）前掲書125頁

（註17）掛尾良夫『「ぴあ」の時代』（キネマ旬報社、2011年）216頁

（註18）前掲書211頁

（註19）前掲書211頁

（註20）伊藤隆紹「ぴあ参入で第二次テレビ情報誌戦争の幕開け」『創』1987年12月号（創出版、1987年）56頁

（註21）『ぴあ』は、1972年に当時中央大学の学生であった矢内廣が、アルバイト仲間たちと創刊した月刊情報誌。当時の若者たちから絶大なる支持を集めた。2011年休刊。https://corporate.pia.jp/corp/history/index.html ぴあホームページ（2021年12月16日閲覧）

（註22）NHK放送文化研究所『テレビ視聴の50年』（日本放送出版協会、2003年）71頁

（註23）松井英光『新テレビ学講義 もっと面白くするための理論と実践』（茉莉花社、2020年）229頁

（註24）NHK放送文化研究所『テレビ視聴の50年』（日本放送出版協会、2003年）69―70頁

（註25）松井英光『新テレビ学講義 もっと面白くするための理論と実践』（茉莉花社、2020年）234頁

（註26）NHK放送文化研究所『テレビ視聴の50年』（日本放送出版協会、2003年）70頁

（註27）佐藤喜美枝「トレンディ・ドラマとデジタル世代～「若者とテレビドラマ」調査から～」NHK放送文化研究所編『放送研究と調査』1995年6月号（日本放送出版協会、1995年）15頁

（註28）前掲書19頁

第4章 テレビ情報誌の新しい形

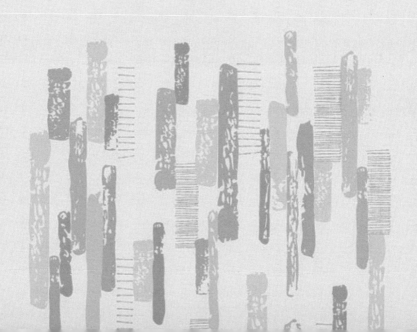

『テレビブロス』創刊の背景

１９８７年に創刊した隔週刊テレビ情報誌４誌のなかにあって、ひときわ個性的だったのが『テレビブロス』である。テレビ情報誌でありながら、テレビとは直接関係のない特集やコラム等も多く掲載しており、そのスタイルは、テレビ視聴のためのテレビ情報誌というより、〝テレビ番組表も載っている雑誌〟といった印象である。創刊第2号からは、表紙に「ＴＨＥ ＴＶ ＭＡＧＡＺＩＮＥ ＯＦ ＴＨＥ ＦＵＴＵＲＥ」という文言が入っており、まさに「未来のテレビ雑誌」をキャッチフレーズとしていた（註1）。

『テレビブロス』の発行元である東京ニュース通信社は、１９６２年に『週刊ＴＶガイド』を創刊している。同社は１９７３年より新聞社へのラジオ・テレビ欄配信業務をスタートし、雑誌、配信といった業務で、テレビ番組表制作を中心に社業を成長させたが、長い間、テレビ情報誌は『週刊ＴＶガイド』以外発行していなかった。当時、全国展開をしているテレビ情報誌としては、ほぼ独占状態だったといっても過言ではない。しかし、『ザテレビジョン』、『テレパル』、『週刊テレビライフ』といった総合出版社からの競合誌創刊が相次ぎ、競争の波に揉まれることとなった。「週刊4誌、隔週刊1誌の平常号の発売部数は300万部に近づき」（註2）テレビ情報誌市場が拡大していくなかで、東京ニュース通信社は、1987年7月、ついに2つ目のテレビ情報誌として、隔週刊の『テレビブロス』創刊に踏み切った。『東京ニュース通信社六十年史』には、「隔週刊誌は「テレパル」（小学館）の独壇場で、同年秋にはダイヤモンド社が「TVステーション」の発行を予定していた。つまり、「TVブロス」は「TVステーション」より一足早く、隔週刊誌の市場に乗り込んだわけである。」（註3）とあり、『テレパル』の勢いに刺激されていた様子が見て取れる。奇しくも『週刊TVガイド』創刊25周年の年であった。

その創刊コンセプトは「若い視聴者のリアクションを切り取った、読者の〝共感マガジン〟」（註4）というもので、読者の中心がファミリー層であった『週刊TVガイド』とは全く異なるテレビ情報誌という位置づけであった。『テレビブロス』創刊第10号（1987年11月7日号）の綴じ込みはがきにて行った読者調査（註5）によれば、年齢構成は21～25歳が32・6％と一番多く、次いで16～20歳が25・7％、26～30歳が21・5％であった。男女比は男性59・3％、女性40・7％と男性の比率が高かった。主な居住地は東京都40・0％、神奈川県21・5％、埼玉県14・1％、千葉県10・9％といった分布で、当時は関東版であるがとりわけ首都圏の読者が多かった。主な職業は社会人が51・1％、短大・大学生17・1％、高校生10・3％、予備校生・専門学校生6・7％という構成だった。

創刊にあたっては、編集アドバイザーに泉麻人といとうせいこうを迎えた。いわば、当時の『ポパイ』と『ホットドッグ・プレス』の両雄を招聘したような形である。当時『ポパイ』等で執筆していたコラムニストの泉麻人は、かつて東京ニュース通信社の社員だったということもあり、創刊編集長より声がかかった。泉は交流のあったマルチクリエイターのいとうせいこうに声をかけ、２人がエディトリアルアドバイザーとなった。いとうはかつて講談社で『ホットドッグ・プレス』の編集者をしており、同誌の「ぱっくん　ぷれす」という読者投稿ページを担当していた高橋洋二やナンシー関を引き込んだ（註6）。

加えて、創刊号から、押切伸一、川勝正幸、高橋洋二、竹内義和、ナンシー関、堀井憲一郎といった若い読者の共感を集める書き手によるコラムが連載された。

当時の状況について、泉麻人といとうせいこうが『テレビブロス』２０２０年6月号における対談で次のように語っている（註7）。

いとう　ポパイの巻頭にも「ＰＯＰ・ＥＹＥ」っていう情報ページがあって、僕が講談社に入社してすぐホットドッグ・プレスをやるようになってから、あのスタイルを真似したコラムを担当したんですよ。その感覚はブロスにも持ち込んで、雑誌全体を「ＰＯＰ・ＥＹＥ」みたいにしちゃえ、っていうのはあったと思う。

（中略）

泉　ポパイには「ポパイ・フォーラム」っていう後半にもコラムのページがあって、そこで近田春夫さんや渋谷陽一なんかが、いわゆるサブカル的なコラムを連載してました。宝島で渡辺祐が仕切っていたＶＯＷ（バウ）のページも近いセンスだったかもしれない。

いとう　それをもっと日本の大衆、つまりテレビや芸能にまで落とし込んだのがテレビブロスで、だからこそおもしろい人たちがいっぱい出てこられたんだと思う。

図7／『テレビブロス』創刊号
（1987年7月4日号、東京ニュース通信社）

『テレビブロス』はテレビ情報誌という形を取ってはいたが、泉といとうによって、『ポパイ』と『ホットドッグ・プレス』のテイストをうまく吸収し、さらにサブカル的な視点で『宝島』のテイストも加味していた。特に初期の読者投稿欄は、『宝島』の読者投稿欄「ＶＯＷ（バウ）」の影響を受けており、創刊号では、変な看板を見つけたら写真を送ってほしいといった募集もあった。

やがて、番組表内にあった無署名の小さなコラム「ブロス探偵団」も人気となった。無署名コラムであったが、創刊から数年間はナンシー関が執筆していた（註8）。テレビに対する鋭い視点が話題を集め、ある意味、初期の『テレビブロス』の形を作ったともいえる。いとうは、その功績について次のように語っている。

ナンシーたちが「おもしろくないものをおもしろく見る」という、要するにツッコミの視点でテレビ批評みたいなことをはじめた。それまで、テレビにツッコミを入れるなんてことは誰もしてなかったし、とくにテレビ誌は絶対やっちゃいけないことでしょう。（註9）

また、「気分はピピピ」というタイトルでスタートした読者投稿欄「PiPiPi CLUB」には、テレビに対する重箱の隅をつつくようなはがきが集まり始める。まさに〝共感マガジン〟としての存在感を増していった。

実際、あるひとつの読者投稿をきっかけに、いくつもの投稿が連鎖していく事例はしばしば見られた。たとえば、1988年5月14日号に掲載された、テレビに出ている意外なそっくりさんを見つけたという投稿がきっかけとなり、テレビの中のそっくりさん探しの投稿が集まるようになり、それが同年9月3日号で「SEEING DOUBLE」という特集となった。そっくりさん探しは、その後も「似て蝶」という人気コーナーとして定着した。また、1988年7月23

日号に、元たのきんトリオのヨッちゃん（野村義男）の消息が知りたいといった投稿が掲載されると、同年8月20日号で消息を知っているという投稿が紹介された。その後、たびたび関連の投稿が紹介されるようになり、ついにはご本人から編集部あてにＦＡＸが届き、１９８９年６月17日号で「ある日、突然ヨッちゃん」という特集となった。そして１９９０年７月21日に行われた創刊３周年イベントでは、野村義男率いる〝三喜屋野村モータース・バンド〟のライブが行われるまでに発展した。あるいは、１９８９年５月６日号「ＮＨＫ教育はおもしろい」という投稿をきっかけに、同内容の投稿が集まり、「これだから教育テレビはやめられない」という投稿コーナーが不定期連載のような形で定着した。

『テレビブロス』は定価１５０円（註10）で創刊し、２週間分のテレビ番組表（２色刷り）とジャンル別番組解説以外は、テレビとはあまり関係のない特集やコラムも多かった。表４にまとめたものは創刊号から創刊２周年号まで、約２年間の特集タイトル一覧である。創刊２周年号までの53号のうち、テレビに関する特集（オリンピック特集を含む）と考えられるものは22号分で、全体の41・５％である。テレビ関連の特集といっても、たとえば、１９８８年５月14日号「１９９９　究極のＴＶメニュー」（１９８８年11月12日号にてＶＯＬ．２掲載）は、いとうせいこうやナンシー関らが近未来の架空のテレビ番組表を作るという企画である。あるいは、１９８８年６月11日号「えのきどいちろうのウクレレ・テレビ・右左‼」は、〝南国テレビ〟とは

表4／『テレビブロス』特集タイトル一覧（1987年7月4日号～1989年7月15日号）

	号数	特集タイトル
1	1987年7月4日号	時代はストイック
2	1987年7月18日号	OLってサイコー!?
3	1987年8月1日号	ビールが飲みたい。
4	1987年8月15日号	しっぱいイッパイ海外旅行
5	1987年8月29日号	初体験物語
6	1987年9月12日号	それいけ!マイケル
7	1987年9月26日号	とことん秋の新番組
8	1987年10月10日号	かぞえりゃほこりのでるTV・スペシャル!　カウント・ダウンTV
9	1987年10月24日号	ワンワンF1!　頭にやさしい5段シフト
10	1987年11月7日号	ドラマにみるモテる奴モテない奴
11	1987年11月21日号	とっておきのSKI
12	1987年12月5日号	いきなり衛星放送度チェック
13	1987年12月19日号	年末年始は国民よテレビをみよ
14	1988年1月9日号	新春呆談・夢の対談
15	1988年1月23日号	歌って踊って騒げや騒げ'88　ばっくはつライヴ!
16	1988年2月6日号	カルガリーの恋人たち
17	1988年2月20日号	カウチポテトを撃て!
18	1988年3月5日号	OL・女子大生100人の「武田信玄」大疑問
19	1988年3月19日号	それいけ春の赤テレビ青テレビ
20	1988年4月2日号	みつけたり、深夜TVのベクトル
21	1988年4月16日号	かぞえりゃほこりの出るTV SPECIAL 見逃しそうな5つの不思議
22	1988年4月30日号	流血!大応援特集 プロレスに花束を
23	1988年5月14日号	1999　究極のTVメニュー
24	1988年5月28日号	ナガシマ家の人々
25	1988年6月11日号	えのきどいちろうのウクレレ・テレビ・右左!!
26	1988年6月25日号（創刊1周年号①）	SIX WARRIORS INTO CYBER SPACE これでどうだ、か!?　夏の音楽講座（カラー8P）
27	1988年7月9日号（創刊1周年号②）	犬も歩けば東京ウォッチングPART1　ブロス街角ツアー三面鏡 犬も歩けば東京ウォッチングPART2　僕らはコンビニ探検隊（カラー8P）
28	1988年7月23日号	ジャニーズをあなたに
29	1988年8月6日号	高校野球の のどかの素 おわけします
30	1988年8月20日号	born to be PSYCHE
31	1988年9月3日号	SEEING DOUBLE
32	1988年9月17日号	Welcome to OLYMPIAD SEOUL 1988
33	1988年10月1日号	秋の新番組　5つのたいけつ
34	1988年10月15日号	ガンバレ!時代劇　この10人で黄金時代の復活だ。
35	1988年10月29日号	88 AMERICA DAITORYO SENKYO
36	1988年11月12日号	1999　究極のTVメニュー VOL.2
37	1988年11月26日号	〝ハイプ〟で決めよう!あっぱれスキー
38	1988年12月10日号	もう一度メリークリスマス
39	1988年12月24日号	そして、そして'89年はやってきた! とじこみ付録 Video Bros. MOVIE VIDEO Best Selection 500
40	1989年1月14日号	御局POWER!!
41	1989年1月28日号	SEEING DOUBLE

	号数	特集タイトル
42	1989年2月11日号	SONGS from MY HEART 歌は世につれ予は満足じゃ
43	1989年2月25日号	不思議TALK
44	1989年3月11日号	280円のパラダイス 若者よ、銭湯をめざせ!
45	1989年3月25日号	ぐぁ〜んばれ!フレッシュマン '89TV menu 春のTV
46	1989年4月8日号	桜沢エリカのイカしたまんまで暮らしたい!
47	1989年4月22日号	ノー天気ポパイ君も楽しめる!! テレビはみんなのお友達
48	1989年5月6日号	ぼくたちはいつだって面白いことが好き!! 泉麻人・加藤芳一が語る「冗談画報」の魅力
49	1989年5月20日号	シンクウ・カーン助教授の CMソング真空管理論
50	1989年6月3日号	現代のシンデレラ・ストーリーはコレだ! 目指せ!Mr.マスオ
51	1989年6月17日号	ある日、突然ヨッちゃん
52	1989年7月1日号 (創刊2周年号①)	かぞえりゃほこりのでるTVつゆどきスペシャル ドリトル堀井のドラマ博物学
53	1989年7月15日号 (創刊2周年②)	My Favorite Things クリエイター12人のこだわり(カラー8P) 小泉大百科 メディアを走るKYON2

どういった番組のことを指すのかといったものであり、1989年1月14日号「御局POWER」は、当時放送中だったNHK大河ドラマ『春日局』がきっかけとなってはいるが、「歴史の陰に〝お局さま〟あり!! 女の時代を勝ち抜く極意を学べ」というもので、大河ドラマについてはリードでひと言触れているのみである。

以上のように、テレビ特集といってもいわゆるストレートな番組紹介とは一線を画すものが多かった。その内容も全体的なトーンとしてややマニアックと言えるような独自な視点が多く、それが若い読者の〝共感マガジン〟というコンセプトを具現化したものという考え方であった。

しかし、そういったテレビに対する独特の視点は、当時、『POPEYE(ポパイ)』(マガジンハウス)1989年1月4日号の《「普通にTVドラマを見る」のが正しいこのごろです。》という特集において、ドラマのなかの普通ではあり得ない展開を敢えて指摘したり、うんちくを語って「場をしらけさす、テレビブロスチックな奴がいる。こいつは何もわかっていないない。退場だ。」として、ネガティブに取り上げられた。同特集内の「ドラマにまつわる人間たち」というインタビュー記事にも「TV BROSの弊害を斬る」という見出しを見ることができる（註11）。このテレビに対するある種マニアックな見方は、のちのインターネットにおける「2ちゃんねる実況中継」や、「ニコニコ実況」などにつながっていく。

また、『テレビブロス』は、その販売戦略のテーマとして、コンビニエンス・ストアで売れる雑誌にしたいというものがあり（註12）、1987年10月10日号から、泉麻人、いとうせいこうによる「コンビニエンス物語」という連載をスタートさせている。さらに、創刊1周年号である1988年7月9日号では「僕らはコンビニ探検隊」という8ページ特集をカラーで掲載し、コンビニエンス・ストアとの親和性を意識した誌面を展開している。

テレビ情報誌の多様化

テレビ情報誌でありながら、コラム雑誌やサブカルチャー雑誌に近かった『テレビブロス』だったが、ほかにも1990年代になると、ある特定のジャンルに特化したテレビ情報を掲載したテレビ情報誌がいくつか誕生する。たとえば、1991年にはギャガ・コミュニケーションズがスポーツ関連の番組情報を掲載した『SPORTS GAGA(スポーツ・ガガ)』を創刊した。創刊号の表紙にはタイトル・ロゴの下に、SPORTS TELEVIEW MAGAZINE[スポーツ・ガガ]と刷り込まれ、「3/1~3/31のすべてのスポーツ情報がここにある。」という文言が記されている。特集は「F1 GRAND PRIX 1991 21世紀へのオープニンググラップ」、「ラグビー・ワールドカップへ走る~イギリス楕円球紀行~」、インタビューは中日ドラゴンズの与田剛を取り上げていた。テレビ情報に関しては、いわゆる一般的な番組表は掲載していないが、スポーツ番組の紹介記事や、スポーツ・ジャンル別のインデックス、1カ月分のスポーツに特化した日ごとの番組表が掲載されていた。全156ページ中、CATVを含めたスポーツの放送情報に36ページを割いている。SPORTS TELEVIEW MAGAZINEという名の通り、テレビでスポーツを楽しもうという雑誌であったが、1991年に休刊した。スポーツをテレビで楽しむ雑誌としては、2005年に学研より『TV Sports(テレスポーツ)』(のちに『月刊TV sports(テレスポ!)』に改題)が創刊したが、2006年に休刊した。

また、1997年にはアクセラがゲーム情報にテレビ番組表がついた『週刊TV Gamer(テレビゲーマー)』を創刊した。創刊号の特集は「'97渋谷系ゲームがくる!」「FFⅦが残したもの」で、ほかにも「今週発売のゲーム」という情報ページもあった。この内容に1週間分のテレビ番組表が掲載されているものであったが、1997年に休刊となった。

そのほか隔週刊誌としては、1989年に実業之日本社が、子ども向け番組の情報に2週間分のテレビ番組表を掲載した『TVザウルス』を創刊したが、半年ほどで休刊となった。

1996年には集英社より「青春系テレビ・マガジン」というサブタイトルのアイドルに特化した隔週刊誌『TV Kids（テレキッズ）』が創刊された。さらに2000年には『テレキッズ』の増刊として女性アイドルに特化した月刊テレビ情報誌『TV Guts（テレガッツ）』を発刊した。『テレガッツ』は2号のみで、以降は隔週刊の『テレキッズ』が月刊『Tokyo tv Kids（トーキョー・テレキッズ）』（地区ごとに『Tokai tv Kids』『Kansai tv Kids』『All area tv Kids』とした）にリニューアルするが、2001年に休刊した。

1997年には、光文社より隔週刊誌『TV zaurus（テレビザウルス）』（かつて実業之日本社から創刊された雑誌と同タイトルだが、別雑誌）が創刊した。深夜枠を拡大した番組表を掲載していたが、こちらも翌年休刊している。

しかし、こういったあるジャンルに特化したテレビ情報誌は、どれも永続することはなかった。

2023年11月時点で、地上波のテレビ番組表を掲載したテレビ情報誌の中で、以前発行されていたような特定のジャンルに特化したテレビ情報誌は存在していない。

『テレビブロス』の軌跡と「ブロスらしさ」

独自の路線を行く『テレビブロス』は、読者から一定の評価を受け、1989年に関西版と中部版を創刊、1992年には北海道版と九州版を創刊し、全国5地区体制となった。また、創刊以来イラストで展開されていた表紙は、2002年から写真を使ったものが登場するようになり、その後は写真による表紙がメインになっていった。それでも他のテレビ情報誌のように、ドラマの主役が表紙を飾るということはほとんどなく、ミュージシャンや映画関連、テレビ関連としてもバラエティー番組やアニメ、特撮ものなどが多かった（註13）。2012年11月には、WOWOWの「大人番組リーグ」という企画で『TV Bros. TV～異色のテレビ誌・テレビブロスがテレビになったよ。～』というテレビ番組が放送された。同番組は創刊25周年を迎えた2013年7月より『TV Bros. TV』というタイトルの番組として6回にわたって放送されている。創刊25周年で誌面もリニューアルをはかり、同年9月14日号から特集ページをカラーページ化し（番組表は2色のまま）、編集ページは1色のみという歴史に終止符を打った。また、2015年4月18日号からは判型をA4変形からA4正寸にサイズアップ、番組表の文字をやや大きくし、BS9局を加えるリニューアルを行った。しかし、雑誌を取り巻く環境は厳しく、2018年3月24日号をもって隔週刊誌に終止符を打ち、発行サイクルを月刊に変更、同時に番組表の掲載を中止した。番組表は掲載しないが、テレビ情報は掲載するという形の「様々なカルチャーを独自な切り口で紹介する新型テレビ誌」(註14)という月刊誌として、新たな展開を模索したが(表5参照)、2020年6月号をもって定期誌としての刊行を休止し、不定期刊(2023年6月より隔月刊行)とWebでの展開にシフトすることとなった。

　月刊発行としての最終号は、表紙のメインタイトルを「いつまでもあると思うな親とブロス」と打ち、内容は「ほぼ33周年のテレビブロスをTVBros.が特集する!」というものだった(図8)。創刊から約33年の間、テレビ番組情報は載っていても、いわゆる一般的なテレビ情報誌とは違うスタンスを貫いたテレビ情報誌であった。

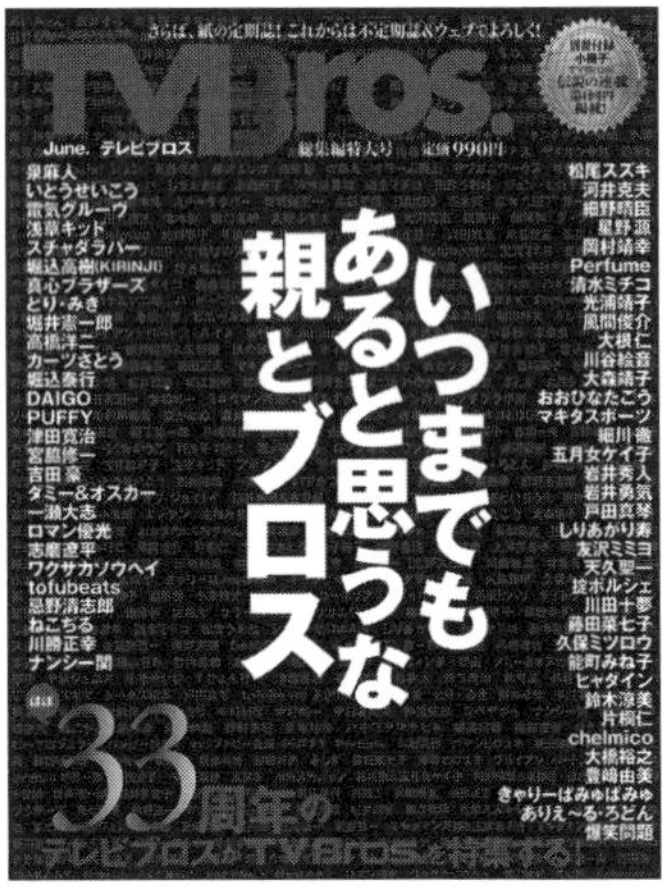

図8／『テレビブロス』月刊最終号(2020年6月号、東京ニュース通信社)

　また、『テレビブロス』には、いつの頃からか「視点のユニークさとユーモラスにしてラジカ

表5／『テレビブロス』月刊化以降の特集一覧

	号数	メイン特集タイトル
1	2018年6月号	The New Horizon 地平線の相談 およそ10周年SP（星野源×細野晴臣） Culture is Borderless 私の愛するカルチャー（川栄李奈、渡辺大知、岩井勇気、戸田真琴、やついいちろう、夢眠ねむ、山田尚子、遠藤憲一）
2	2018年7月号	毎日がドラマでしょ！（『崖っぷちホテル！』大特集ほか）
3	2018年8月号	いまこそ、田中圭
4	2018年9月号	完全無欠のラジオ宣言！
5	2018年10月号	TV Bros.CINEMA FESTIVAL（Prologue 平手友梨奈（欅坂46）『響-HIBIKI-』ほか）
6	2018年11月号	New Heroine 齋藤飛鳥（乃木坂46）
7	2018年12月号	In Your Eyes 佐藤健 ～映画『億男』～公開記念
8	2019年1月号	大泉洋の2018年 主演映画『こんな夜更けにバナナかよ 愛しき実話』公開
9	2019年2月号	無事に完成!! そして感染!! 星野源5th Album『POP VIRUS』発売記念特集 発表！ TVBros. Men&Women of the year 別冊付録「12/29→1/3 番組表&番組解説ダイジェスト」
10	2019年3月号	あいみょんに愛を込めて
11	2019年4月号	SEKAI NO OWARI THE BEGINNING TO THE FUTURE
12	2019年5月号	THE YELLOW MONKEY Neverending Epilogue
13	2019年6月号	サカナクション 潜行、そして光
14	2019年7月号	いつだって、宮野真守。/ 映画『コンフィデンスマンJP』
15	2019年8月号	TV Bros.がLOVE集めました（映画『ホットギミック　ガールミーツボーイ』『愛がなんだ』ほか）
16	2019年9月号	TV Bros.創刊32周年記念32ページ総特集裸一貫がんばりBros.
17	2019年10月号	田中圭「田中圭の隙が好き」
18	2019年11月号	Bros.はやっぱりCULTUREでしょ!! TOKYO SKA PARADISE ORCHESTRA is CULTURE!!ほか
19	2019年12月号	律動（リズム）の快感 BiSH のrhythm覚醒
20	2020年1月号	業界内で「ウワサ」のテーマを大特集　サンドウィッチマン×川島明（麒麟）ほか
21	2020年2月号	TV Bros.of the year 2019　齊藤工、奈緒、折坂悠太、ミキ
22	2020年3月号	King Gnu「NEW POWER,NEW ICON」
23	2020年4月号	Official髭男dismの現在地
24	2020年6月号 （総集編特大号）	ほぼ33周年のテレビブロスがTVBros.を特集する！ 別冊付録「TVBros.伝説の連載第1回掲載！」

ルな文章タッチを特徴とした編集方針」（註15）というものが生まれていた。それはしばしば「ブロスらしさ」とも呼ばれ、それが雑誌の特徴でもあった。『テレビブロス』2020年6月号「〈特集〉の特集」（註16）で、過去の特集をさかのぼることによって、「ブロスらしさ」について考察している。特集内で編集部・前田隆弘は「ブロスらしさ」を「きっと「社会がこうだから」「流行がこうだから」を基準にするのではなく、あくまでも自分の好奇心・興味に忠実に企画を組み上げ、具現化していくということを意味している」（註17）と記している。

ライターの広川峯啓は「ブロスらしさ」について、第4代編集長・武内朗のインタビューを引きつつ「確かに「ブロスらしさ」というものは、読者が感じ取ればいいのであって、作り手の側が意識すると自己模倣に陥りかねない。」（註18）としている。

実体がなくさまざまに解釈されてきた「ブロスらしさ」であるが、それまでのテレビ情報誌になかったスタンスが「ブロスらしさ」として読者の共感を呼んでいたことは確かだ。『テレビブロス』を取り上げた雑誌記事を見ても、「サブカル愛あふれる誌面」（註19）や、「雑誌カルチャーに風穴を開けた。」（註20）といった、テレビ情報誌に関する言及というより「テレビ情報誌でありながら〜」といったかたちの言及が目立っていた。

しかし、次第に雑誌をとりまく環境が変わっていき、作り手側も実体のない「ブロスらしさ」に縛られ始めていった。

ネット時代の隔週刊テレビ情報誌

2023年11月現在、隔週刊テレビ情報誌は『テレビステーション』と『テレビライフ』の2誌のみである。

『テレパル』は2002年9月14日号をもって休刊、女性のためのTV生活情報誌『Ｔｅｌｅｐａｌｆ（テレパルエフ）』と、大人のためのテレビ情報誌『テレビサライ』という2つの月刊誌に生まれ変わったが、『テレビサライ』は2004年に休刊、『テレパルエフ』も2007年に休刊し、小学館はテレビ情報誌から撤退した。『ＴＶぴあ』も2016年1月27日発売号をもって休刊となっている。

エディターの滝野俊一は『テレパル』の休刊について「月刊誌の伸びの影響をまともに受けたのが、隔週刊誌だ。番組表の正確性はやや勝るものの、価格面でのメリットが月刊誌の登場によってなくなってしまった」（註21）としている。

『テレビステーション』は創刊以来、表紙は他誌がすべてアイドルで埋め尽くされても一貫してイラストで構成しており、カラー番組表も健在である。特徴であった切り抜いてビデオカセットの透明ケースに入れることができるレーベルのページは、1998年3月7日号を最後に終了している。巻頭巻末グラビアは、他誌同様、旬のアイドルが掲載されているが、ドラマの情報やスポーツ番組の見どころ紹介などにも幅広くページを割いており、いわば正統派のテレビ情報誌として発行を続けている。

『テレビライフ』は、1983年に学研から『週刊テレビライフ』という誌名で「対象を25歳前後の女性におき、値段の安さと番組表の見やすさで勝負をかけた」（註22）テレビ情報誌として創刊された。定価は130円だが、創刊号は特別定価100円であった。創刊号の表紙はタモリで、「テレビをスクープする本」というキャッチフレーズが入っている。1994年3月23日発売（13号）より隔週刊誌となり、2023年現在も2週間分の番組表を掲載し発行している。

2000年前後からテレビ情報誌の表紙やグラビアにジャニーズのタレントが掲載されることが増えてきたが、『テレビライフ』も例外ではない。巻頭にアイドルのグラビアがあり、それに続いてドラマの見どころ等を掲載、センターに2週間分の番組表という誌面構成である。

表6／インターネットにおけるコミュニティーの歴史（奥村（2018）P. 278―P. 279「インターネットとIT業界、メディアをめぐる事項年表」を参照して筆者作成）

1999年	5月	2ちゃんねる サービス開始
2004年	2月	GREE サービス開始
	3月	mixi サービス開始
2006年	7月	Twitter サービス開始
	9月	Facebook 一般へ開放
2008年	5月	Facebook 日本語版サービス開始
2011年	6月	LINE サービス開始

若者をターゲットとして4誌でしのぎを削った隔週刊テレビ情報誌が今や2誌しかないということは、昨今叫ばれる〝若者のテレビ離れ〟(註23)と無関係とは言えないであろう。さらに現在の雑誌にとって、インターネットの影響は避けられないが、特に〝共感マガジン〟を標榜した『テレビブロス』にとって、その影響は大きい。ジャーナリスト、メディア・アクティビストの津田大介はソーシャルメディアとは「ユーザーとユーザーがつながって、双方向に情報を提供したり、編集したりするネット上のサービス」(註24)と定義しているが、2ちゃんねる掲示板への書き込みから始まり、ツイッター(現・X)やフェイスブック等のソーシャルメディア(SNS)の時代になり、雑誌が担う役割そのものが変化してしまった(表6参照)。

かつてはテレビを見て共感したり反発したりということを、自分たちの感覚と近い書き手が誌面上で代弁してくれていた。そして自分たちも意見を投稿し、その意見が他の読者の賛同や異論を呼ぶという形で、そこにある種の共同体が生まれていた。

コラムニスト、批評家の山崎浩一は「ある雑誌の読者であるということは、同じ情報やメッセージを肯定的に共有する〈共同体〉の成員であることを意味していた」(註25)としているが、かつての『テレビブロス』と読者の関係はまさにそれであった。しかし、今はテレビを見て何かを感じたらすぐSNSに書き込み、即座に「いいね」等の反応が返ってくる。それが拡散されて、さらに広がっていくといったように、かつて雑誌が担っていた〝共感〟のコミュニティーはSNSに移行している。たとえば、1972年に創刊した『ぴあ』は、島岡哉によれば「インターネット普及以前にあって、『ぴあ』はまさに若者の「人生を歩くガイドブック」として機能していた」(註26)とし、「八〇年代の雑誌であるというイメージが先行」(註27)したという。掛尾良夫は『ぴあ』について「編集部と読者は、対等な、インタラクティブな関係である」(註28)としているように、まさに1980年代の『ぴあ』編集部と読者の間にも、ある種の共同体が生まれていたと考えられる。

現在のテレビ情報誌は、番組紹介とテレビに出演するアイドルやスターのグラビアを中心とした構成が目立つ。それが現在の読者が求めている「テレビ情報誌の形」ということである。

1980年代に隔週刊FM情報誌からの流れで誕生した隔週刊テレビ情報誌というトレンドは、ビデオ録画時代の終焉とともにその役目を終えた。現在発行されている2誌も、番組表の掲載期間が2週間分であるということを除くと、巻頭と巻末にアイドルのグラビアがあり、センターに番組表があるといった、往年の週刊テレビ情報誌に近い誌面構成になっている。

かつて、テレビ情報誌はテレビを見るための情報誌であったが、現在はファンにとっての好きなアイドルが掲載されている雑誌である。隔週刊テレビ情報誌2誌も、ビデオ録画の時代が終わった2000年前後から、現在のテレビ情報誌の読者が求めている誌面構成になっていった。
2023年11月時点で、地上波の番組表を掲載しているテレビ情報誌9誌の発行サイクルの内訳は、週刊誌1誌、隔週刊誌2誌、月刊誌6誌である。テレビ情報誌は隔週刊誌よりも、さらに番組表掲載期間が長い月刊誌の時代へと移行している。

(註1) このキャッチフレーズは、隔週刊最終号である2018年3月24日号まで表紙に入っていたが、同号ではほぼ表紙のメインタイトルとして、ひときわ大きく入っていた。
(註2) 東京ニュース通信社広報室『東京ニュース通信社六十年史』(東京ニュース通信社、2007年)147頁
(註3) 前掲書、147頁
(註4) 前掲書、147頁
(註5) 東京ニュース通信社広告部『テレビブロス媒体資料』(発行年月日不明)による。調査方法として、「調査時期 62年11月2日〜11月20日、実施号 創刊第10号、実施方法 誌面綴じ込みハガキに設問、集計方法 総回答中1,000通無作為抽出」と記されている。
(註6) 『テレビブロス』2020年6月号、18―21頁
(註7) 『テレビブロス』2020年6月号、20頁
(註8) 『テレビブロス』1989年4月22日号、9頁「今、解き明かされる「ブロス探偵団」の謎」
(註9) 『テレビブロス』2020年6月号、19頁
(註10) 当時の『週刊TVガイド』が定価180円であったので、2週間分で定価150円はかなりの低価格だった。1989年4月1日の3%消費税導入により、同年4月8日号より定価160円となった。
(註11) 『ポパイ』1989年1月4日号、77―81頁。この特集に対して『テレビブロス』も 1989年4月22日号で「ノー天気ポパイ君も楽しめる!! テレビはみんなのお友達」というアンサー特集を掲載している。
(註12) 『テレビブロス』2016年5月21日号、103頁
(註13) 2002年にはマネキン人形によるテレビドラマ『オー!マイキー』やスパイダーマン、ウルトラセブン、永瀬正敏、窪塚洋介、ミツキヨ(忌野清志郎&及川光博)、2003年にはオダギリジョー×浅野忠信、中村勘九郎×松尾スズキ、和田アキ子、爆笑問題、仮面ライダー555、秘密戦隊ゴレンジャー、

ルパン三世などが表紙となっている。

(註14) 日本雑誌協会『マガジンデータ2020』(日本雑誌協会、2019年) 65頁

(註15) 東京ニュース通信社広報室『東京ニュース通信社六十年史』(東京ニュース通信社、2007年) 149頁

(註16) 『テレビブロス』2020年6月号、54—63頁

(註17) 前掲書54頁

(註18) 広川峯啓「夢、あふれていた俺たちの時代 昭和62年/『TV Bros.創刊』カルチャー界に吹いた新風 革新的テレビ誌が誕生」『昭和40年男』2021年4月号(クレタパブリッシング、2021年) 107頁

(註19) 「専門メディアの現場からNo.41」『広報会議』2018年1月号(宣伝会議) 68頁

(註20) 『昭和40年男』2021年4月号(クレタパブリッシング) 104頁

(註21) 滝野俊「テレビ情報誌の最新動向 なぜ今、月刊誌なのか?」『GALAC』2003年7月号(放送批評懇談会、2003年) 33頁

(註22) 学習研究社50年史編纂委員会『学習研究社50年史』(学習研究社、1997年) 300頁

(註23) 木村義子、関根智江、行木麻衣「テレビ視聴とメディア利用の現在~「日本人とテレビ・2015」調査から~」NHK放送文化研究所編『放送研究と調査』2015年8月号(NHK出版、2015年) 27—28頁によれば、20代でテレビを毎日視聴する人は、2010年の79%から2015年には64%に減少している。

(註24) 津田大介『動員の革命 ソーシャルメディアは何を変えたのか』(中央公論新社、2012年) 24頁

(註25) 山崎浩一『雑誌のカタチ 編集者とデザイナーがつくった夢』(工作舎、2006年) 10頁

(註26) 島岡哉「『ぴあ』人生を歩くガイドブック」佐藤卓己編『青年と雑誌の黄金時代——若者はなぜそれを読んでいたのか』(岩波書店、2015年) 144頁

(註27) 前掲書、144頁

(註28) 掛尾良夫『「ぴあ」の時代』(キネマ旬報社、2011年) 67頁

第5章

テレビ情報誌は月刊誌の時代へ

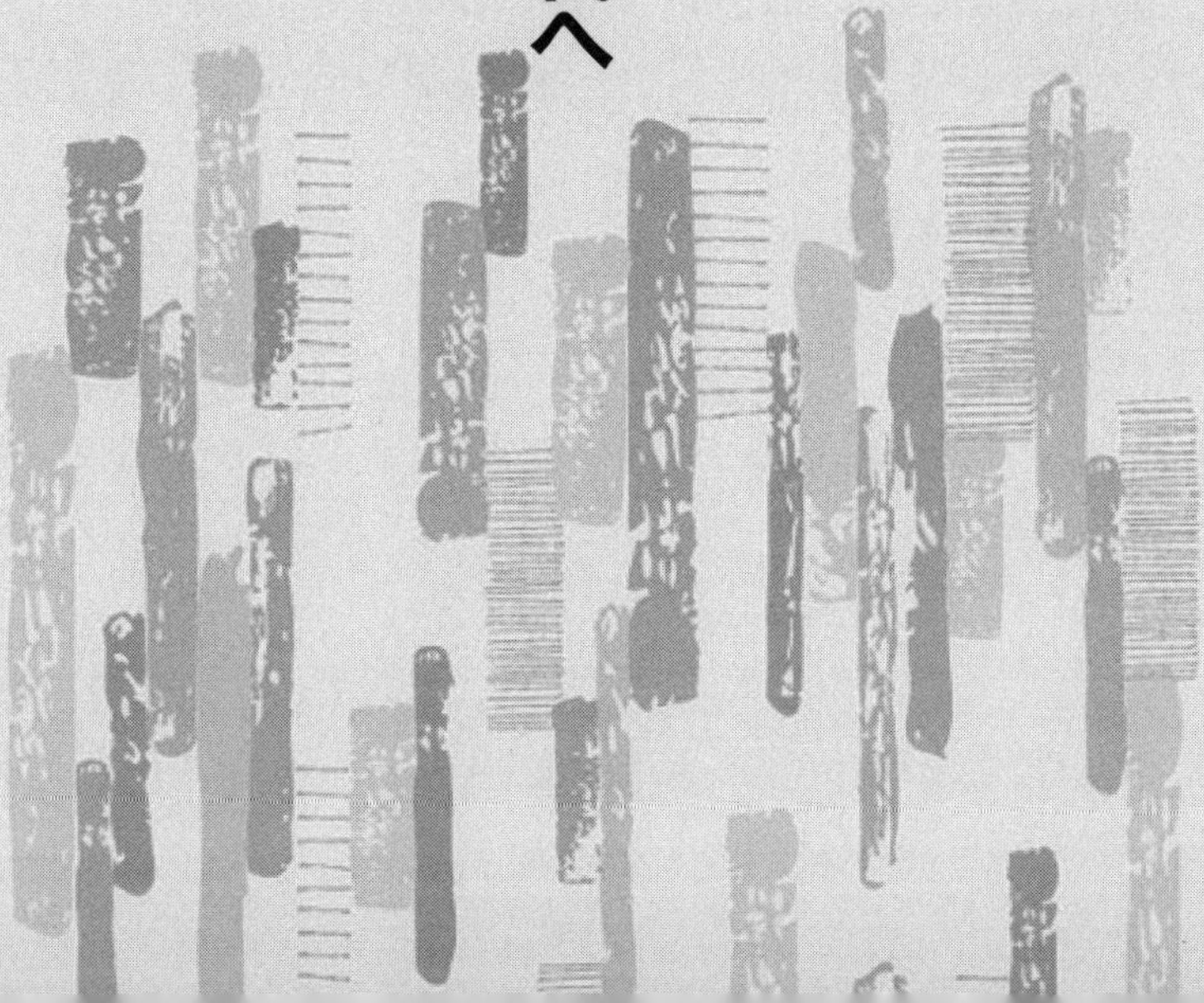

月刊テレビ情報誌とは何か

1960年前後に誕生した日本のテレビ情報誌は週刊誌からスタートし、80年代後半の隔週刊誌隆盛の時代を経て、2000年前後からは月刊誌の時代となっている。アメリカを参考に週刊誌として誕生したテレビ情報誌は、FM情報誌から派生する形でビデオ録画に適応した隔週刊誌が生まれる。その後、衛星放送がスタートすることにより月刊誌が誕生した。月刊誌はやがて衛星放送だけでなく地上波にも対応するようになり、さらに付加価値をつけながら成長し、ついにはテレビ情報誌の主流となっていった。

ノンフィクション・ライターの伴田薫は、月刊テレビ情報誌について、以下のように分析している。

たとえば連続ドラマのような場合。少々乱暴な言い方になるが、週刊、隔週刊、月刊は、それぞれ「点」「線」「面」という扱い方をすると考えればわかりやすい。週刊は、1話ごとの詳しい解説や見どころの提示を得意とする。隔週刊では、独自の視点や様々な切り口でドラマの魅力が引き出される。月刊は、細かいネタよりもドラマの全容や話題性、あるいは出演者自身がテーマになることが多い。つまり、掲載されている情報の〝賞味期限〟が異なるわけだ。

情報の鮮度という意味では、月刊誌はやや分が悪い。しかし、日保《ひも》ちのするコンテンツに関しては、深みのある情報を提供してくれる。（註1）

月刊誌は情報の鮮度で勝負するのではなく、グラビアを充実させたり、映画情報に特化したりと、それぞれがコンテンツに特色を持たせている。

エディターの滝野俊一は、２００３年に月刊テレビ情報誌好調の理由として以下のように記している。

番組表がそんなに正確でなくても、一か月先まで番組情報を知ることができる充実感と、月額で換算すると週刊誌の約三分の一というお得感が効を奏し、エアチェック派以外の支持を集め、順調に売上部数を伸ばしていった。そして、九〇年代後半以降、テレビ情報誌の創刊はすべて月刊誌となった。（註2）

さらに滝野は、テレビ情報誌の月刊誌への移行現象として、「〝先の番組情報は月刊のテレビ情報誌で、最新の正確な情報はインターネットで〟というユーザーの行動パターンを反映したもの」（註3）としている。月刊であるがゆえ、どうしても先々の番組情報は未定部分が増えることになるが、読者もそこはある程度仕方のないこととして、月刊テレビ情報誌を購入しているということである。加えて1996年からは「インターネットTVガイド」がスタートしており、ネットで最新の番組表をチェックできる環境が整っていた。「インターネットTVガイド」は東京ニュース通信社がNTTの支援のもと、1996年より実験サービスを開始し、1997年より東京ニュース通信社とNTTアドの共同事業として本格スタートしたサイトである（註4）。その後、2014年のリニューアルに伴い番組表サービスを終了し、2022年にはサイト名を「TVガイドWeb」に変更、『TVガイド』本誌と連動したテレビ情報サイトとなった。

現在では、番組の予約録画はEPGを使って行うことが一般的になったため、雑誌には予約録画以外の価値を求めているということでもある。

月刊テレビ情報誌の隆盛は、『財界』といった雑誌でも「一カ月先のテレビ番組まで網羅　安くてお得な月刊テレビ情報誌」と題して、取り上げられている。

情報量や速報性にすぐれた週刊のテレビ情報誌が、テレビフリークに支持されているのに対し、月刊テレビ情報誌は、テレビ番組表さえあれば十分とするレベルの読者が多いという。そこに映画やアイドルの情報など、独自の付加価値をプラスし、読み応えのある誌面を提供することで、各誌がそれぞれ読者を開拓しているというわけだ。（註5）

やはり、月刊テレビ情報誌は番組表の精度という点ではやや難があるが、それ以外の付加価値で購入している読者が多いということであろう。

始まりは衛星放送専門誌

月刊テレビ情報誌はどこから始まったのか。その歴史をたどっていくと、始まりは衛星放送専門誌であった。放送衛星を用いた衛星放送（ＢＳアナログ放送）は、１９８４年にＮＨＫが衛星第１、衛星第２の２チャンネルで試験放送を開始し、１９８９年から本放送が始まった（註6）。

１９８７年７月に、電波タイムス社から、試験放送段階の衛星放送番組表（衛星第１テレビジョン、衛星第２テレビジョン放送番組時刻表）を掲載した月刊誌『スペースチャンネル』が創刊された。ＮＨＫサービスセンターの編集協力による「衛星放送の普及を促進する専門誌」としての創刊であった。当初は直販雑誌で、書店で販売されるようになるのは１９８８年７月号からのことである。同誌は1992年6月号をもって休刊した。

書店流通をした最初の衛星放送専門誌は、1987年に角川書店から発刊となった『月刊TV COSMOS（テレビコスモス）』である。『テレビコスモス』は1987年9月と10月にザテレビジョン別冊として、1カ月分のNHK衛星放送番組表を掲載して発行された。月刊テレビ情報誌の歴史はここから始まったといえる。

編集長を任された秋山光次は、企画発案者である当時専務だった角川歴彦から発行部数は18万部にすると言われて驚いた。衛星放送の普及は全国でまだ14万世帯という時代である。結局、18万部のうち16万部以上が返品という結果に終わった。秋山は、後年、当時を振り返って次のように記している。

2号目、3号目も刷部数は減らしたものの2万部ほどの実売は、あまり変化が無かった。今にして思えば全国に14万しかパイが無いところで、よく2万も売れたものだと思うのだが。

とにかく一般家庭の屋根やマンションのベランダにどれだけパラボラが増えるかということが基本的な前提なので、この時期、電車に乗るたびに窓外の景色に視認できるパラボラを探して一喜一憂していたものだ。（註7）

『テレビコスモス』は2号のザテレビジョン別冊を経て、1987年11月に月刊誌として創刊した。衛星放送は試験放送の段階であり、『スペースチャンネル』同様、本放送開始を見越しての創刊である。ルポライターの伊藤隆紹は「こうした専門誌の登場は、テレビ情報誌の新しい潮流を形成するものとして特筆されてよいが、しかし、少なくとも現時点では、衛星放送の本格化に備えた先行投資的な要素の色彩が強い。発行形態も、月刊である。」（註8）としている。1987年当時のテレビ情報誌は、週刊4誌に隔週刊4誌という時代である。敢えて「発行形態も、月刊である。」と言及しているところに、当時、いかに「月刊」のテレビ情報誌が特殊なものであったのかが見て取れる。

『テレビコスモス』創刊号は、24時間編成で放送されるNHK衛星第1テレビの番組表と解説を、12月1日から31日までの1カ月分掲載した。NHK衛星第2テレビに関しては、NHK総合とNHK教育の混合編成だったので、基本番組表のみを掲載している。

巻頭特集は「ボーナスでBSでいっ！」と題して、BSチューナーやテレビ、ビデオデッキといった視聴機器の購入ガイドであった。ほかに「究極サウンドBモード（註9）の全貌」、「1990年12月—民放の衛星放送が始まる日。」といった記事が並び、ビデオ・タイトル・シールも付いている。「CATVホットライン」というページでは、当時話題になり始めていた都市型ケーブルテレビの紹介もしている。表紙は外国人モデルを起用し、定価は290円であった。

地上波を掲載した月刊誌の誕生

1991年4月、初の民放衛星放送局としてWOWOWが開局した。WOWOWは1990年11月よりサービス放送を開始し、1991年4月に開局した。開局時のコンセプトは〝ワールドエンターテインメント・ステーション〟で、Screen（スクリーン・映画）、Sound（サウンド・音楽）、Sports（スポーツ）、Stage（ステージ・舞台）、Shopping（ショッピング）の〝5S〟を柱とした番組を編成していた。

この開局によりBS放送は、NHK衛星第1、NHK衛星第2、WOWOWの3局体制となった。WOWOW開局にあわせて、同年3月、東京ニュース通信社は同社からは初となる月刊テレビ情報誌『TV Taro（テレビタロウ）』を創刊した。

雑誌のコンセプトは「1カ月分の衛星放送&テレビ番組表+映画」。表紙は辰巳四郎によるアーノルド・シュワルツェネッガーのイラストで、編集内容もハリウッドを中心とした映画に特化したものであった。同誌の大きな特徴は1カ月分のBS番組表に加えて、初めて1カ月分の地上波の番組表を掲載したことである。現在では当たり前となった地上波の1カ月分番組表だが、当時、1カ月分の編成情報は、衛星放送であれば比較的早めにほぼ確定していたが、地上波となるとそれを入手するのはかなり困難なことであった。

小田桐誠、前島加代子は週刊誌と隔週刊誌しかない時代に「『TV Taro』はテレビ局側から「2週間分だけでも大変なのに1カ月先のことがどうしてわかる」といわれながらも、BSだけでなく地上波の番組表も組み込んだ。」(註10)と記しているが、いかに1カ月分の地上波番組表掲載が難しかったのかがわかる。

また滝野によれば、「番組枠自体は年二回の改編期に決まるものの、番組タイトルや詳細な放映時間、そして番組内容は直前にならないと決まらない。隔週刊誌の台頭によって、テレビ局の広報部もかなり先の情報まで提供するようになったが、当時は月刊のサイクルにはまだまだ対応していなかった」(註11)とされる。

『テレビタロウ』創刊号は1991年4月1日~30日の番組表であるが、実際に見てみると、25日以降に「(都合により内容は未定です)」と書かれた番組がいくつか見受けられる。ビデオ・タイトル・シールが付き、特別付録としてトム・クルーズとオードリー・ヘップバーンが表裏となったピンナップも付いており、テレビ放送だけでなく劇場公開も含め、かなり映画に特化した作りとなっている。定価300円という価格設定も割安感があった。1991年4月時点で週刊の『TVガイド』は定価220円、隔週刊の『テレパル』は定価230円だったので、1カ月分で

300円はかなりお得な価格設定である。

実際、地上波が1カ月分載っているというアドバンテージは多くの読者に受け入れられ、『テレビタロウ』の部数は順調に推移した。当初、地上波の番組表は関東地区のものであったが、1993年には関西版を創刊、1994年には中部版と北海道版、1995年には九州版がそれぞれ創刊となった。衛星放送専門誌であれば、番組は全国共通なので地区版の必要はない。しかし、地上波を入れることで、地区によって異なる番組表に対応する必要があるため、どうしても地区版の発刊が必要になる。地上波を掲載することで大きな部数は期待できるが、制作費はどうしてもかさむこととなった。

地上波を掲載した月刊テレビ情報誌のニーズは次第に大きくなっていき、先に創刊していた『テレビコスモス』も、ついに1992年2月号より地上波番組表の掲載を始めた。しかし、この頃の月刊テレビ情報誌は、地上波の番組表は載っていても、編集面で力を入れていたのは、あくまでも映画やスポーツなど衛星放送のコンテンツが中心であった。

また、かつて『週刊TV fan』でテレビ情報誌に参入したことがある共同通信社が、1991年9月に、NHK-BSとWOWOWの1カ月分番組表と映画情報を掲載した月刊テレビ情報誌『BS fan』を創刊した。この時点で月刊テレビ情報誌は、『テレビコスモス』『テレビタロウ』『BS fan』の3誌となった。その後、『BS fan』は2000年のBSデジタル化に伴い、民放系のBSデジタル番組表を掲載し、題号通りBS放送中心の編集方針を貫いていたが、2001年9月号より首都圏の地上波番組表の掲載も開始した、その後、地上波番組表を、関西圏、中部圏にも広げていったが、2007年3月に休刊した。

また、初の隔週刊誌である『テレパル』で1982年にテレビ情報誌に参入した小学館は、2000年3月に月刊の「テレビ&ムービー情報誌」として『M Telepal(エムテレパル)』を創刊した。NHK衛星第1、NHK衛星第2、WOWOW+地上波の番組表を掲載し、編集内容は映画に特化したものであった。創刊号の表紙はトム・クルーズのイラストで、巻頭特集は「泣ける映画で元気をもらおう」というものであった。映画に特化したというところは、ある意味『テレビタロウ』と同様のスタンスであったが、2002年9月号をもって休刊となった。最終号には「Mテレパル休刊のお知らせと新世代テレビ誌二誌創刊のご案内」として、休刊後すぐ創刊された新雑誌『テレビサライ』と『Telepal f(テレパルエフ)』の告知を掲載している。

衛星放送専門誌からの脱却

1995年、角川書店は衛星放送専門誌の『テレビコスモス』をリニューアルし、『月刊ザテレビジョン』として地上波メインに舵を切った。『月刊ザテレビジョン』は『テレビタロウ』のように映画に特化したものではなく、いわゆる週刊テレビ情報誌と同様に、地上波のドラマ等をストレートに扱った月刊誌であった。この方針転換は非常に大きなことであった。これまで月刊テレビ情報誌の番組表は「衛星放送＋地上波」という形で、あくまでもＢＳがメインで地上波はおまけ的な扱いであったのに対して、初めて１カ月分の地上波の情報をメインに据えた月刊誌が誕生したことになる。誌名も週刊誌で知名度のある『ザテレビジョン』を使った。表紙は鈴木杏樹で、メインキャッチは「ココが！おさえどころ４月(新)ドラマ」と大きく打たれている。

巻頭グラビアは、鈴木杏樹、稲垣吾郎、石田ひかり、ＫｉｎＫｉ Ｋｉｄｓ、安達祐実、反町隆史で、４ページの「４月新ドラマ春のギャラリー」を挟んで、中山美穂、ｔｒｆ、今田耕司とグラビアが続く。１色ページは「東西激突！（一発ギャグ付き）お笑い界の次世代機《ニューウェーブ》」といった特集や、「ドラマのフジ〝月9〟栄光の軌跡」といった連載企画があり、ＢＳ関連の記事は、１カ月間に放送される映画の紹介程度となっている。定価は３００円であった。

この方針転換は成功し、首都圏版、関西版に加えて、１９９７年には中部版、北海道版、九州版を創刊して部数を拡大していき、同年11月4日には『週刊ザテレビジョン』創刊15周年および『月刊ザテレビジョン』１００万部突破を記念するパーティーが、東京プリンスホテルにて関係者一二〇〇人が出席して行われた（註12）。そして、１９９９年５月号で、ついに『月刊ザテレビジョン』が『週刊ザテレビジョン』の発行部数を上回ったのである(註13)。いよいよ、テレビ情報誌は月刊誌の時代になった。

1997年には、東京ニュース通信社から、同社としては4つ目のテレビ情報誌となる月刊誌『B.L.T.』が創刊された。『B.L.T.』とは「Beautiful Lady & Television」の略で、女性アイドルに特化した男性向けのテレビ情報誌であった。創刊号の表紙は広末涼子で撮影は篠山紀信である。「僕らのTV誌創刊」と銘打ち、広末涼子のほか、松本恵、奥菜恵、吹石一恵、木村佳乃、馬渕英里何ほか総勢55人の美少女が登場、定価は380円であった。なお、『B.L.T.』は2015年に番組表の掲載を休止、「ビューティフルレディーのすべてがわかる新型テレビ誌!」として発行を続けている。

2003年には産経新聞社が地上波中心の月刊テレビ情報誌『TV navi(テレビナビ)』を創刊した(註14)。これまでもテレビ特集号という形で新聞社からテレビ関連の雑誌が発行される例はあったが、レギュラーでのテレビ情報誌発行はあまり例のないことであった。フジサンケイグループである産経新聞社からの発行であるが、フジテレビの番組を多く取り上げるということではなく、創刊編集長の井又道博は「局に関係なく、面白い番組を取り上げていく」(註15)と語っている。創刊号は表紙・妻夫木聡、特別定価300円(定価320円)で50万部発行され、実売40万部と好調なスタートを切った(註16)。

CS放送の誕生

もうひとつの衛星放送である通信衛星を使ったCSアナログ放送は、1992年に放送を開始した（註17）。CS放送の委託放送事業者として、CNN、スターチャンネル、スポーツ・アイ、MTV、スペースシャワーTV、衛星劇場の6社が認定された。1993年には新たにLET'sTRY、GAORA、朝日ニュースター、チャネルオーの4社が認定され、この時点で全部で10チャンネルとなった。1996年、日本デジタル放送サービス（現・スカパーJSAT）が通信衛星を使った日本初のCSデジタル放送「パーフェクTV！」として70チャンネルのテレビ放送サービスを開始した（註18）。同年、公認ガイド誌として、ぴあより『月刊パーフェクTV！』が創刊された。さらに、新たなCSデジタル放送のプラットフォームとして、「JスカイB」（註19）が設立された。こちらの公認ガイド誌は、東京ニュース通信社が電通との共同事業で制作、発行する予定となっていた（註20）。

しかし、1998年に「パーフェクTV！」は「JスカイB」と合併し、プラットフォーム名も「スカイパーフェクTV！」に変更となった。同年、東京ニュース通信社より月刊の公認ガイド誌として『スカイパーフェクTV！ガイド』が創刊された。既刊の『月刊パーフェクTV！』

（ぴあ）も『月刊スカイパーフェクTV!』に誌名を変更し、「スカイパーフェクTV!」の公認ガイド誌は2誌発行されることとなった。12月には「スカイパーフェクTV!」の加入者も100万件を突破した（註21）。一方、1997年より新たなプラットフォームとして、「ディレクTV」（註22）も放送を開始したが、こちらは2000年にサービスを終了し、契約者を「スカパーフェクTV!」に移管させた。

2002年7月、BSと同じ軌道である東経110度衛星を利用した「スカパー!2」が本放送を開始、東京ニュース通信社より『スカパー2 TVガイド』が創刊された。同誌は、その後、スカパー!のサービス名変更に合わせて、『スカパー!110 TVガイド』（註23）、『e2byスカパー!TVガイド』、『スカパー!TVガイドBS+CS』と誌名を変更して、現在に至っている。

2012年、「スカイパーフェクTV!」は有料多チャンネル放送のサービス名を「スカパー!」に統一、各サービスを「スカパー!プレミアムサービス」（旧「スカパー!」）、「スカパー!」（旧「スカパー!e2」）、「スカパー!プレミアムサービス光」（旧「スカパー!光」）に変更、公認ガイド誌もぴあ版は『月刊スカパー!』に、東京ニュース通信社版は『スカパー!TVガイドプレミアム』にそれぞれ変更となった。

BSデジタル放送がスタート

一方、BS放送も、2000年12月1日よりBSデジタル放送を開始し、地上波民放系のBS局が開局し全部で10チャンネルとなった。開局時のBSデジタルはチャンネル順に、①NHK BS－1、②NHK BS－2、③NHKデジタルハイビジョン、④BS日テレ、⑤BS朝日、⑥BS－i（現・BS－TBS）、⑦BSジャパン（現・BSテレ東）、⑧BSフジ、⑨WOWOW、⑩スター・チャンネルBSという構成だった（ただし、WOWOWはマルチチャンネル体制を取っていたので、時間によって3チャンネル体制となっていた）。

2001年5月、東京ニュース通信社はBSデジタル放送に対応した月刊誌『デジタルTVガイド』を創刊した。番組表は1日分を4ページとして、地上波2ページ＋BSデジタル2ページで構成した。AB判、定価350円であった。そして、2003年7月発売号からは判型をA4判にリニューアルし、番組表を1日分6ページとし、地上波2ページ＋BSデジタル2ページ＋CS放送2ページの3波対応型となった。

また、2001年6月には角川書店から『BSザテレビジョン』（註24）が創刊されている。BSデジタル番組表のセンターに、ブック・イン・ブックの形で地上波の番組表を綴じ込んだ。同誌は、2002年3月に『BS&CSザテレビジョン』となり、BSデジタルと110度CS放送「プラット・ワン」（註25）の番組表を掲載し、6月には「スカパー！110」の公認ガイド誌となった。さらに2006年には地上波、BS、110度CSの3波の番組表を掲載した『月刊ザハイビジョン』にリニューアルした。表紙には「94チャンネルが一冊に！地上・BS・CSデジタル30日間番組表掲載」と謳い、全ページ中、番組表が82%を占めている。創刊号の表紙は篠原涼子で、特別定価330円であった。さらに、2012年には『月刊大人ザテレビジョン』となり、これまで同様3波の番組表を掲載したスカパー！の定期購読誌と、地上波とBSの番組表のみを掲載した市販版の2種類となったが、現在は『スカパー！ザテレビジョン　月刊大人ザテレビジョン』となり、スカパー！公認ガイド誌として書店流通を休止している。

2007年4月、共同通信社は新たに月刊テレビ情報誌『TV fan（テレビファン）』を創刊した。番組表は1日6ページを使い、地上波2ページ+BS放送2ページ+CS放送2ページが連続する形で、先行する『デジタルTVガイド』と同じ体裁を取っていた。しかし、徐々に地上波寄りの編集にシフトしていき、2010年6月号（創刊3周年号）より、番組表が地上波2ページ+BS放送2ページで1日4ページが連続する形となり、CS放送の番組表は、1日2ページ32局掲載から、1日1ページ22局掲載となり、地上波2ページ+BS放送2ページの番組表が1カ月分連続で掲載したあとに、CS放送だけをまとめて掲載される形に変わった。さらに

2011年6月号（創刊4周年号）からはCS放送の番組表は掲載休止となり、地上波2ページ+BS放送2ページという1日4ページの番組表で現在に至っている。

2009年には『テレビナビ』を発行する産経新聞社も『デジタルTVナビ』でこの分野に参入、地上波+BS放送+CS放送の3波の番組表を掲載した月刊誌を創刊した。2010年12月号からは3波誌のまま『おとなのデジタルTVナビ』にリニューアル、よりターゲットを明確にした。

BSデジタル放送は2007年に無料放送の「BSイレブン」と「TwellV（トゥエルビ）」が開局し12局となった。2011年にはBSアナログ放送が終了した。その後、BSデジタル放送は再編され、2023年12月時点で有料放送含め28チャンネルが放送中（註26）のほか、BS4K、BS8Kも放送中である。

BS放送と韓国ドラマ

BS放送の重要なコンテンツとして韓国ドラマがある。BS放送で初めて韓国ドラマが放送されたのは、『新・調査情報 passingtime』の飯田みかによれば、2002年3月にBS日テレで放送された『秋の童話〜オータム・イン・マイ・ハート』である（註27）。BS日テレのエグゼクティブ・プロデューサー名和滋（当時）は、「ＢＳ日テレの立ち上げから、地上波で放送しにくい「ＢＳならでは」の素材を探していた」（註28）という。『秋の童話～』は、特にウォン・ビンに人気が集まり、女性視聴者を中心にヒットドラマとなり、Ｗ杯ドイツ×韓国戦中継のため放送を休止した際には、テレビ局に問い合わせが２００件も来たという（註29）。飯田はＢＳにとっての韓国ドラマについて、「地上波でなければ、クールにとらわれない編成ができる。ＢＳデジタルなら、音声〈日本語・韓国語〉と字幕〈日本語・ハングル・無し〉を自由に組み合わせることが技術的に可能だから、「生の声を聞きたい」「韓国語の勉強に使いたい」という要望にも応えられる。」（註30）としている。日本の地上波のドラマが「原則的にワンクール（全13話放送）で約３カ月単位の放送が一つのサイクルになっているが、韓国ではミニシリーズでも最低18～20話で、１話60分計算で総計20時間前後」（註31）となる。韓国ドラマの放送は、ＢＳ局にとっても視聴者にとっても相性のいいコンテンツであったということが見て取れる。

　さらに、２００３年にＮＨＫ－ＢＳ２で『冬のソナタ』が放送され、韓流ブームは爆発した（註32）。「当時、局としてはさほどの大きな期待をかけず放送したが、回が進むにつれ、だんだん視聴率が上がり始めた」（註33）とされ、その後、視聴者の強い要望により２００４年にＮＨＫの地上波でも放送された（註34）。主演のペ・ヨンジュン人気の高まりとともに日本中に韓流ブームが巻き起こっていったわけだが、その火付け役はＢＳ放送であった。

朝日新聞によれば、2002年から韓国ドラマを放送している東京MXテレビ（現・TOKYO MX）も『冬のソナタ』の人気の高まりを受け、ペ・ヨンジュンが出演している『ホテリアー』を放送したところ、1日の問い合わせ件数が過去最高を記録したという。また、CSのスカイパーフェクTV!（現・スカパー!）でも、各局が個々に放送していた韓国ドラマを、2004年に「韓流プロジェクト」という企画名でPRを開始し、加入者を増やした。これらの局には、主に40代から60代の女性から視聴方法に関する問い合わせが続いたということである（註35）。

BS放送がフックとなって韓国ドラマは人気コンテンツとなっていったが、その後もBS放送にとって重要なコンテンツとなっている。

月刊テレビ情報誌の新しい形

1987年に衛星放送専門誌として創刊した月刊テレビ情報誌は、その後10年ほどの間で大きく成長してきたが、大別すると表7のように、3つの方向性に分けられる。1つは地上波中心型、2つ目は地上波+BS+CSの3波掲載型、3つめはCS（スカパー!）特化型である。

そのほかにも、ターゲットをより明確に打ち出した月刊誌も創刊し始めている。

1999年に角川書店は『月刊ミセスザテレビジョン　しってる?』を創刊した。創刊号の特集は「TVの裏ワザみつけた!」で、「伊東家の食卓」（日本テレビ系）や「ためしてガッテン」（NHK総合）ほかで放送された裏ワザを取り上げているほか、「2000年らくらくお金が貯まる200アイデア」といった生活情報誌らしい特集が掲載されている。1カ月分の番組表のほか、別冊付録として「2000年おもいでシール　ファミリーカレンダー」が付いて、特別定価380円であった。この創刊は、佐藤吉之輔によれば「性別・年齢などによる人びとのライフスタイルの細分化に伴い、従来型のテレビ総合情報誌的誌面作りが困難化し、情報の細分化が進められていく」（註36）表れであるという。当時ブームとなっていた生活情報誌とテレビ情報誌の合体を試みたものだったが、2002年に休刊した。

また、2000年にはエンターブレインより月刊誌『TVチョップ!』が創刊されたが、数号で休刊となっている。2003年にはワニブックスよりワニムックとして1カ月分の番組表を掲載した『TVup（テレビアップ）』が1号だけ発行された。

前述した通り、小学館は2002年に隔週刊誌『テレパル』を休刊し、『Telepal f（テレパルエフ）』と『テレビサライ』の2誌の月刊テ

表7／月刊テレビ情報誌の方向性

1	地上波中心型	地上波中心の番組紹介。巻頭はアイドルやドラマ出演俳優のグラビアが中心。
2	地上波+BS+CS 3波掲載型	地上波+BS+CSで1日6ページの番組表。どちらかといえば大人向けの編集内容。
3	CS（スカパー!）特化型	スカパー!およびスカパー!プレミアムサービスに特化した番組紹介。

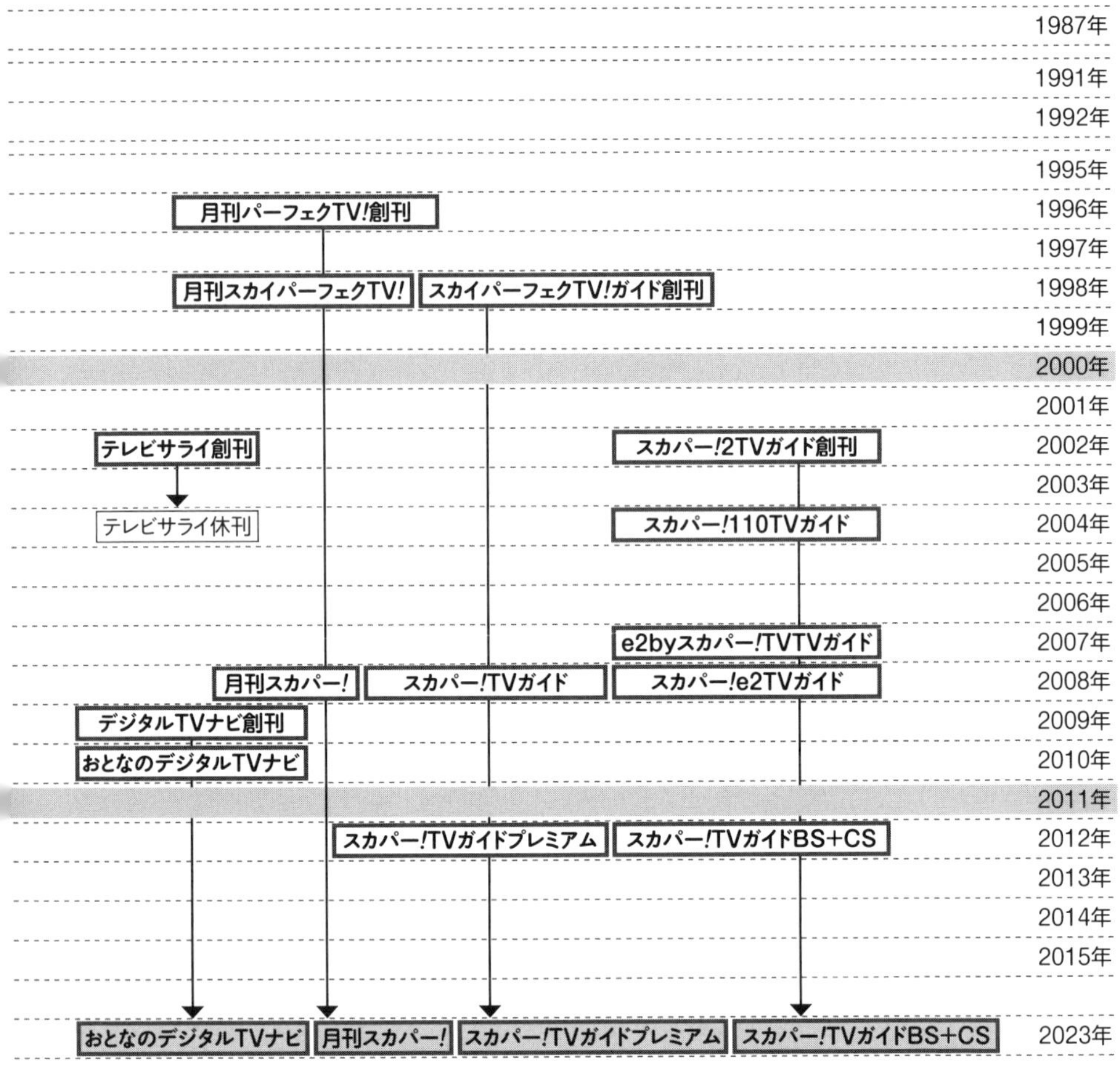
1987年
1991年
1992年
1995年
1996年
月刊パーフェクTV!創刊
1997年
1998年
月刊スカイパーフェクTV!
スカイパーフェクTV!ガイド創刊
1999年
2000年
2001年
2002年
テレビサライ創刊
スカパー!2TVガイド創刊
2003年
2004年
テレビサライ休刊
スカパー!110TVガイド
2005年
2006年
2007年
e2byスカパー!TVTVガイド
2008年
月刊スカパー!
スカパー!TVガイド
スカパー!e2TVガイド
2009年
デジタルTVナビ創刊
2010年
おとなのデジタルTVナビ
2011年
2012年
スカパー!TVガイドプレミアム
スカパー!TVガイドBS+CS
2013年
2014年
2015年
2023年
おとなのデジタルTVナビ
月刊スカパー!
スカパー!TVガイドプレミアム
スカパー!TVガイドBS+CS

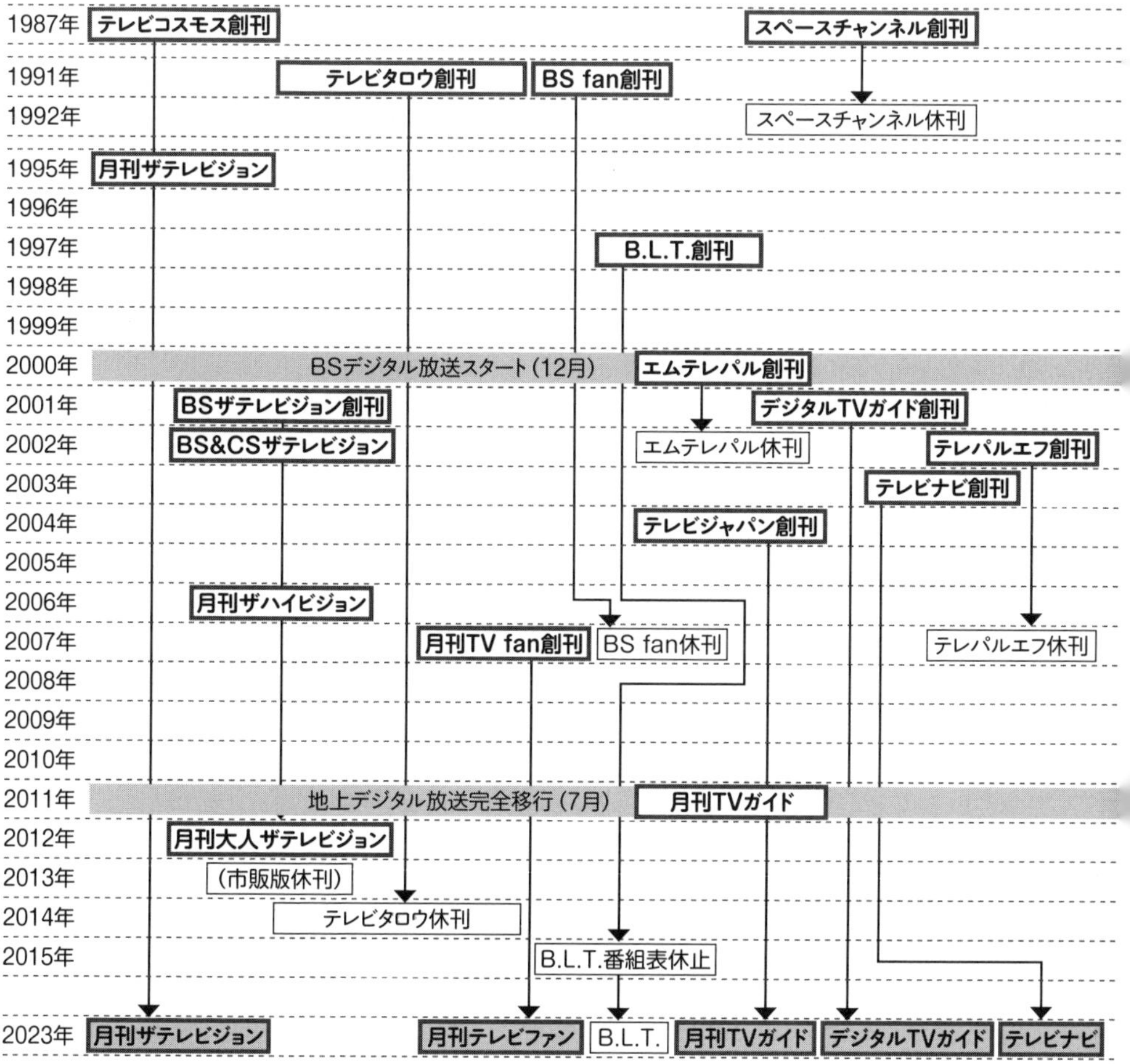
1987年
テレビコスモス創刊
スペースチャンネル創刊
1991年
テレビタロウ創刊
BS fan創刊
1992年
スペースチャンネル休刊
1995年
月刊ザテレビジョン
1996年
1997年
B.L.T.創刊
1998年
1999年
2000年
BSデジタル放送スタート（12月）
エムテレパル創刊
2001年
BSザテレビジョン創刊
デジタルTVガイド創刊
2002年
BS&CSザテレビジョン
エムテレパル休刊
テレパルエフ創刊
2003年
テレビナビ創刊
2004年
テレビジャパン創刊
2005年
2006年
月刊ザハイビジョン
2007年
月刊TV fan創刊
BS fan休刊
テレパルエフ休刊
2008年
2009年
2010年
2011年
地上デジタル放送完全移行（7月）
月刊TVガイド
2012年
月刊大人ザテレビジョン
2013年
（市販版休刊）
2014年
テレビタロウ休刊
2015年
B.L.T.番組表休止
2023年
月刊ザテレビジョン
月刊テレビファン
B.L.T.
月刊TVガイド
デジタルTVガイド
テレビナビ

図9／主な月刊テレビ情報誌の変遷

レビ情報誌を創刊した。

『テレパルエフ』は女性のための「月刊ＴＶ生活情報誌」とした、女性誌のエッセンスを加えたテレビ情報誌である。創刊号の表紙は織田裕二で、巻頭特集「新・英雄伝説《アウトロー的ヒーロー》始まる」は織田のほか、竹野内豊、反町隆史が取り上げられている。「ジャンル別・番組ガイド」も、ドラマや映画のほかに、「ＨＯＭＥ＆ＵＴＩＬＩＴＹ 家庭・実用」や、「ＣＯＯＫＩＮＧ・料理」「ＢＥＡＵＴＹ＆ＨＥＡＬＴＨ 美容・健康」といった項目が並んでいる。

一方『テレビサライ』は大人のための月刊テレビ情報誌で、シニア世代向けの雑誌『サライ』から派生したテレビ情報誌である。大きな特徴は、番組表がタブロイド判で別刷りとなっていたことである。「日本一文字の大きい35日間番組表」として、この雑誌の〝売り〟のひとつであったが、２００３年3月号をもって別刷りは休止し、以降は他誌同様、番組表は本誌内の掲載となった。

両誌ともかなり読者ターゲットを絞り込んだテレビ情報誌であったが、『テレビサライ』は２００４年に休刊、『テレパルエフ』も２００７年に休刊となった。

２００７年には東京ニュース通信社が「女性のＴＶ誌」として『月刊ＴＶガイド　ミューズ』を創刊したが、こちらも２００８年に休刊している。

時代が前後するが、2004年11月、東京ニュース通信社は新たに地上波中心型の月刊テレビ情報誌『TV Japan（テレビジャパン）』を創刊した。同社は業界初の1カ月分地上波番組表を掲載した『テレビタロウ』をはじめとして、すでに3誌の月刊テレビ情報誌を出していたが、いわゆるストレートな地上波中心型月刊誌を持っていなかった。『テレビジャパン』は、番組表の文字をできるだけ大きく見やすくするために、あえてBSデジタルを掲載せず地上波とアナログBSのみとした。定価も特別定価250円（定価280円）と他誌より低い設定とした。また、他の月刊テレビ情報誌が24日発売であるのに対して、発売日を毎月15日に設定、番組表も18日から翌月20日までという変則型の月刊誌であった。さらに大きな特徴として、月刊誌の弱点ともいえる後半以降の番組表未定部分にQRコードを埋め込み、最新の番組情報にアクセスできるというシステムを作った。創刊号の表紙はSMAPで、「大きな文字の見やすい1カ月分番組表　日本のテレビ誌誕生！」のキャッチが入っている。

その後、『テレビジャパン』は2011年に『月刊TVガイド』としてリニューアル、現在は他誌同様24日発売で、番組表掲載期間も他の月刊誌と同様となっている。2020年12月号より、誌面サイズをA4からA4ワイドに変更し、番組表が本誌から取り外せる仕様となった。

ライトユーザーの増加

フリーライターの津田浩司は、テレビ情報誌への新規参入が続く状況について「「パイの奪い合い」というより、むしろ「パイの拡大」という結果につながっている」（註37）と分析している。今日、テレビ情報誌の種類がここまで増えたことは、確かにパイを拡大していることにほかならない。

滝野俊一が「九〇年代後半以降、テレビ情報誌の創刊はすべて月刊誌となった」（註38）と指摘しているように、1990年代からは「テレビ情報誌＝月刊誌」という時代に入った。

この傾向に対して、『月刊ザテレビジョン』編集長・田口恵司（当時）は1995年のインタビューで次のように語っている。

「10年前と比べて、テレビの勢いが少し落ちたような気がします。例えばドラマでは、『家なき子』や『高校教師』などの話題作はありましたが、かつてのように社会現象を生み出すようなものが少ない。テレビがBGM化してきたんですね。だから、テレビ雑誌の読者にも、広く浅い情報を求める〝ライトユーザー〟が多くなってきたのでは。テレビ雑誌のサイクルも、週刊から隔週刊、さらに月刊へと移りつつあるように思います」(註39)

インタビュー時の1995年からちょうど10年前の1985年は、不倫をテーマにして社会現象にもなったドラマ『金曜日の妻たちへⅢ　恋におちて』(TBS系)が放送された年であった。1983年には、最終回が45・3%の高視聴率を記録した『積木くずし—親と子の200日戦争—』(TBS系)が放送されており、1986年にはその後のトレンディー・ドラマへとつながっていく『男女七人夏物語』(TBS系)が放送された。1985年前後には、いわゆる社会現象にもなったテレビドラマが複数あったことは事実である。1990年以降も社会現象と言えるようなドラマが全くなかったわけではなかった。1991年には『東京ラブストーリー』が若者の間でブームとなったほか、『101回目のプロポーズ』は最終回が36・7%の高視聴率だった(ともにフジテレビ系)。1992年にTBS系で放送された『ずっとあなたが好きだった』では、佐野史郎が演じたマザコンの夫〝冬彦さん〟が注目を集め、こちらも最終回が34・1%という高視聴率を記録している。1993年には『ひとつ屋根の下』(フジテレビ系)が最高視聴率37・8%、1994年には『家なき子』(日本テレビ系)が最終回37・2%という高視聴率を記録しているが、1995年にはそこまで高視聴率を記録するドラマはなかった(註40)。

一方、このインタビューの時期にあたる1994年末から1995年以降は、バラエティー番組を中心とした編成によって、日本テレビの視聴率三冠王時代が始まったころである（註41）。この時期、日本テレビでは『クイズ世界はSHOW by ショーバイ!!』や『マジカル頭脳パワー!!』などが高視聴率を取っている。テレビ情報誌はバラエティー番組よりドラマの方が特集として多く扱う傾向にあるため、このような発言となったとも考えられる。

また、『週刊ザテレビジョン』編集長・安本洋一（当時）も、2002年の新聞記事（註42）で「テレビが元気な時は、ドラマのあらすじが詳しく読める週刊の方が売れる。今はその逆」とコメントしている。

さらに、佐藤吉之輔もテレビ情報誌の週刊から月刊への人気の移行について「情報鮮度が多少落ちても月刊で済まそうとする読者のコスト意識もあるが、人びとの娯楽選択肢の拡がりに伴う、

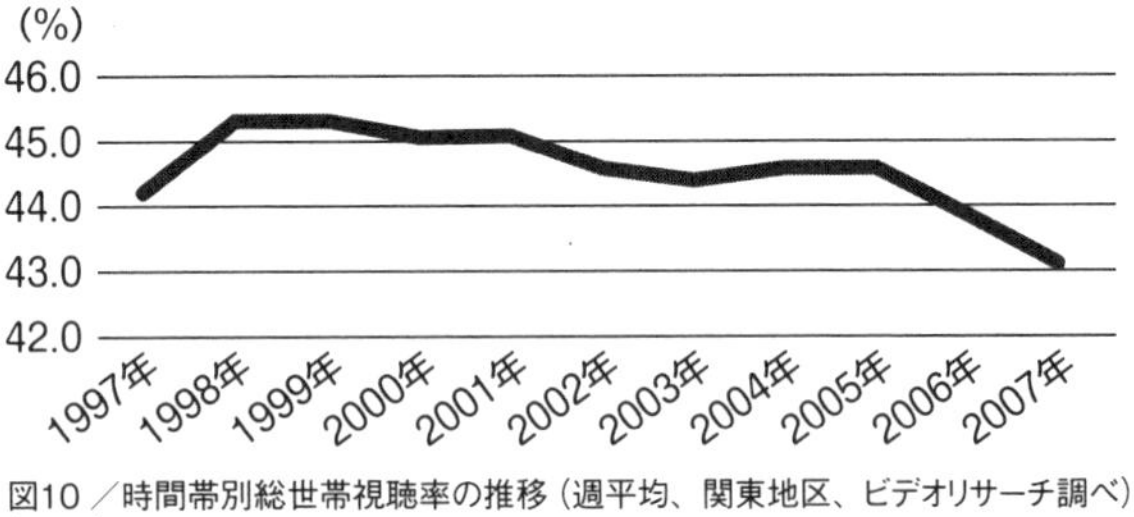

図10／時間帯別総世帯視聴率の推移（週平均、関東地区、ビデオリサーチ調べ）（註44）

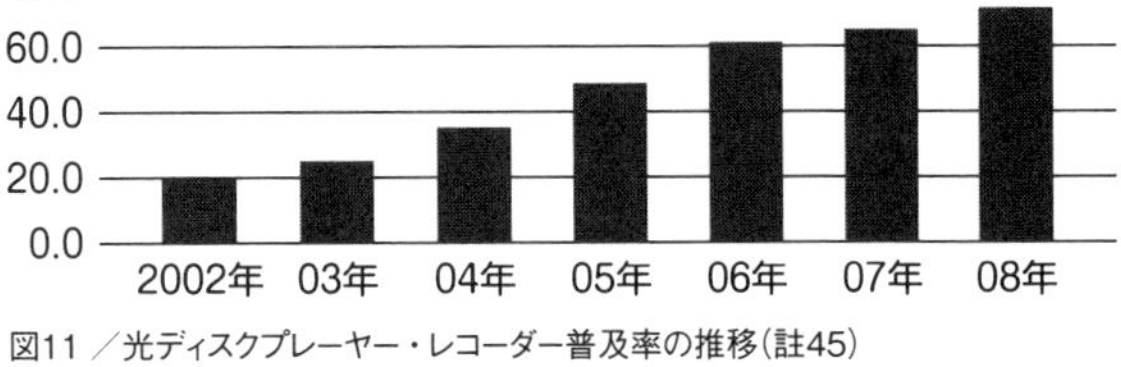

図11／光ディスクプレーヤー・レコーダー普及率の推移（註45）

TV番組、放送ドラマの人気のかげりが影響として見逃せない。」（註43）としている。図10は、佐藤の論考が発表された2007年までの過去10年間の関東地区の週平均総世帯視聴率（6：00～24：00）の推移である。1997年から1998年こそ44・2％から45・3％と上がっているが、その後はゆるやかに下降線をたどっており、特に2005年の44・6％から2007年には43・1％と下がっている。いわゆるテレビの〝ライトユーザー〟が増え始めているということであろう。

一方、光ディスクプレーヤー・レコーダーの普及率は、図11で示したように、2002年には19・3％であったが、2008年には71・7％まで普及している。録画機器がVTRからいわゆるハードディスク・レコーダーに移行したことで、録画予約はEPGが主流となった。

以上のことから、テレビに対する〝ライトユーザー〟の増加と、EPGによる録画予約の普及により、テレビ情報誌のユーザーが月刊誌へと傾倒していったということがわかる。

前述した滝野の「〝先の番組情報は月刊のテレビ情報誌で、最新の正確な情報はインターネットで〟」（125ページ）という月刊テレビ情報誌ユーザーの行動パターンは、2011年の地デジ化以降はEPG録画が一般化したため、「1カ月分の番組表で先々の大まかな視聴計画を立て、実際の録画予約は「EPGで」というスタイルに変化していったことが推察される。

（註1）伴田薫「快適テレビの必須アイテム「TVガイド誌」をモノにする！」『放送文化』2001年12月号（NHK出版）34頁
（註2）滝野俊一「テレビ情報誌の最新動向 なぜ今、月刊誌なのか？」『GALAC』2003年7月号（放送批評懇談会）33頁
（註3）前掲書、35頁
（註4）東京ニュース通信社広報室『東京ニュース通信社六十年史』（東京ニュース通信社、2007年）207―208頁
（註5）『財界』2000年10月24日号（財界研究所）、執筆者は（谷）。125頁
（註6）村上聖一、渡辺洋子「放送」藤竹暁、竹下俊郎編著『図説 日本のメディア［新版］ 伝統メディアはネットでどう変わるか』（NHK出版、2018年）96頁
（註7）秋山光次「第3回マガジンデイズ 雑誌のことしか頭になかったあの頃」『トイズアップ！』9号（トイズプレス、2015年）17頁
（註8）伊藤隆紹「ぴあ参入で第二次テレビ情報誌戦争の幕開け」『創』1987年12月号（創出版、1987年）54頁
（註9）Bモードとは衛星放送の音声モードで、CD並みのクオリティーを実現できるとされ、当時の衛星放送の高音質を象徴するものであった。
（註10）小田桐誠、前島加世子「400万部パワー！・テレビ情報誌〜視聴率を左右する凄腕たち〜」『放送文化』1999年1月号（日本放送出版協会）21頁
（註11）滝野俊一「テレビ情報誌の最新動向 なぜ今、月刊誌なのか？」『GALAC』2003年7月号（放送批評懇談会、2003年）33頁
（註12）佐藤吉之輔『全てがここから始まる 角川グループは何をめざすか』（角川グループホールディングス、2007年）212頁
（註13）前掲書、307頁
（註14）『テレビナビ』創刊号は発行・産経新聞社、発売・扶桑社であった。2023年11月時点では、発行・産経新聞出版、発売・日本工業新聞社である。
（註15）『編集会議』2003年7月号（宣伝会議、2003年）152頁
（註16）前掲書、152頁
（註17）村上聖一、渡辺洋子「放送」藤竹暁、竹下俊郎編著『図説 日本のメディア［新版］ 伝統メディアはネットでどう変わるか』（NHK出版、2018年）96頁
（註18）https://www.eiseihoso.org/guide/history.html（2023年7月19日閲覧）
（註19）ニューズ・コーポレーションとソフトバンクが設立したプラットフォームで、ソニーとフジテレビが資本参加した。

（註20）東京ニュース通信社広報室『東京ニュース通信社六十年史』（東京ニュース通信社、2007年）173頁

（註21）https://www.skyperfectjsat.space/company/history/（2021年7月28日閲覧）

（註22）アメリカのディレクTVと、カルチュア・コンビニエンス・クラブ、松下電器産業（現・パナソニック）ほかが出資して設立したプラットフォームで、1997年12月1日に放送を開始した。

（註23）2002年3月に110度CSを利用した「プラットワン」が放送を開始し、2004年に「スカパー！2」に統合され、「スカイパーフェクTV！110」となった（東京ニュース通信社広報室、2007年）174頁。

（註24）『BSザテレビジョン』は2000年12月にBSデジタル放送開始に合わせて、月刊ザテレビジョン増刊として発行されている。

（註25）「プラット・ワン」はかつて存在した東経110度CSのプラットフォーム。「スカパー！2」と統合され、「スカパー！110」となった。

（註26）放送サービス高度化推進協会ホームページ https://www.apab.or.jp/bs/station/（2023年12月3日閲覧）

（註27）飯田みか「韓国ドラマがやってきた」『新・調査情報passingtime』2003年3・4月号、no.40（東京放送 編成局、2003年）24頁

（註28）前掲書、26頁

（註29）前掲書、29頁

（註30）前掲書、31頁

（註31）藤脇邦夫『定年後の韓国ドラマ』（幻冬舎、2016年）75頁

（註32）山下英愛『女たちの韓流—韓国ドラマを読み解く』（岩波書店、2013年）i頁

（註33）安貞美「日本における韓国大衆文化受容—『冬のソナタ』を中心に」『千葉大学人文社会科学研究』第16号（千葉大学大学院人文社会科学研究科、2008年）201頁

（註34）前掲書、201頁

（註35）朝日新聞、2004年10月31日付「別刷・be・TELEVISION特集」

（註36）佐藤吉之輔『全てがここから始まる 角川グループは何をめざすか』（角川グループホールディングス、2007年）307頁

（註37）津田浩司「一千万部市場、テレビ情報誌のサバイバル戦」『創』1995年9月号（創 出版、1995年）117頁

（註38）滝野俊一「テレビ情報誌の最新動向 なぜ今、月刊誌なのか？」『GALAC』2003年7月号（放送批評懇談会、2003年）33頁

（註39）津田浩司「一千万部市場、テレビ情報誌のサバイバル戦」『創』1995年9月号（創出版、1995年）122頁

（註40）ドラマ視聴率はビデオリサーチ関東地区調べ。https://www.videor.co.jp/tvrating/past_tvrating/drama/01/post-2.html（2023年7月19日閲覧）

（註41）視聴率三冠王とは、全日（6〜24時）、プライムタイム（19〜23時）、ゴールデンタイム（19〜22時）のすべての視聴率がトップであること、日本テレビは1995年から2003年まで単独で三冠王であった。（岩崎達也『日本テレビの「1秒戦略」』小学館、2016年、28—32頁）

（註42）『日経MJ』2002年10月22日付、7頁
（註43）佐藤吉之輔『全てがここから始まる 角川グループは何をめざすか』（角川グループホールディングス、2007年）307頁
（註44）『'07テレビ視聴率・広告の動向―テレビ調査白書』（ビデオリサーチ、2007年）
（註45）『消費動向調査』（2021：12、内閣府経済社会総合研究所景気統計部） https://www.esri.cao.go.jp/jp/stat/shouhi/honbun202103.pdf（2021年9月6日閲覧）

第6章 テレビ情報誌か、芸能情報誌か

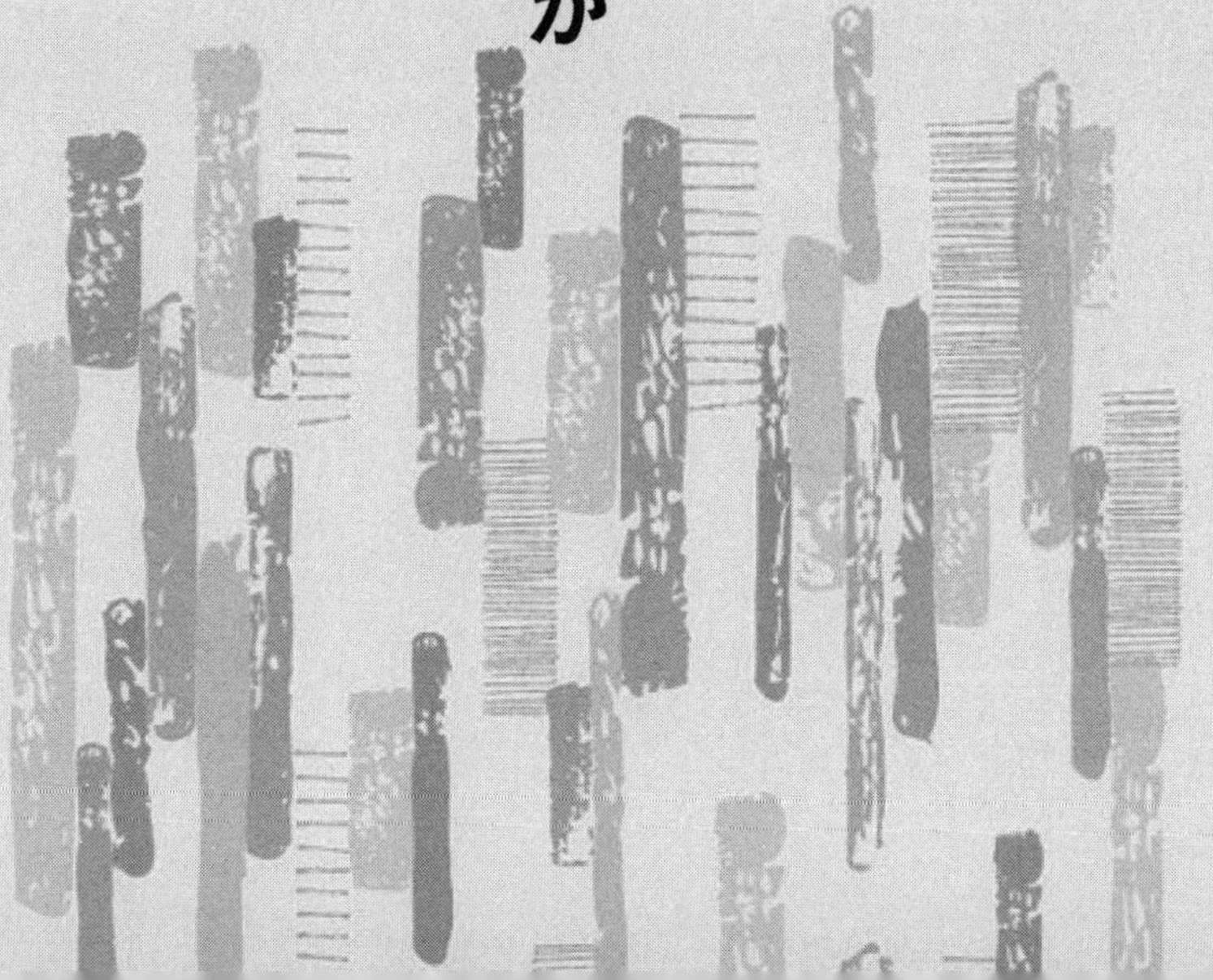

放送局にとってテレビ情報誌とは

テレビ情報誌は、テレビ番組表やおすすめ番組の紹介などを掲載して、長年、テレビとともに歩んできた。では、テレビ局から見て、テレビ情報誌はどのような存在として受け止められてきたのだろうか。

テレビ情報誌の発行部数が一番多かった、１９９０年代に日本テレビで宣伝部に在籍し、長く番組の広報・宣伝に携わってきた大関雅人に話を聞いた。大関は、番組宣伝を担当した後、番組編成を行う編成部に転じ、事業なども担当して再び宣伝部に戻り、２０１１年より編成局宣伝部長を務めた。その後、ＢＳ日テレ取締役を経て、現在は日テレ７代表取締役社長を務めている。当時、テレビ局の広報担当者として、テレビ情報誌をどのように見ていたのだろうか（註１）。

「これはお世辞ではなく、テレビ情報誌はテレビ局の宣伝担当者にとって、とても重要なメディアとして向き合っていましたね。テレビ番組の宣伝で、一番強いメディアは何かと言ったら、やはり自社媒体になるんです。ＰＲスポットや、情報番組の中で出演者ご本人に番宣してもらうなどの番組内ＰＲです。そのほか、新聞広告や雑誌広告、屋外広告、交通広告、最近ではネット宣伝も重要です。そういうさまざまなメディアをミックスして宣伝をして、その結果、その番組がどれくらいの認知度になったかを調べるために、ドラマがスタートする直前に認知経路媒体調査というのをやるんです。それによると、一番効果が高かったのは、やはりテレビなのですが、思った以上に高かったのが、実は『テレビ情報誌を見て』というものでした。これは番宣において非常に効率がいいなと思いました。というのも、普通の雑誌や新聞と違って、テレビ情報誌は、最初からテレビが好きな人が買うからです。テレビ情報誌を買う人は、基本的にテレビ好き。もうそこはセグメントされているターゲットですので、非常に宣伝効率が良いのです。僕らの頃は日テレでも『土9（どっく）』（註2）など、ドラマがとても盛り上がっていた時代でしたので、ドラマ好きの人たちが見ている雑誌という位置づけでしたね。テレビ好きに向けたメディアというか、テレビ好きのためのコアなメディアであるという意味で、その希少価値や強みをすごく感じていました」

テレビ情報誌は、それぞれの放送局ごとに担当記者を置いている。その担当記者たちは、毎日テレビ局に通って取材を行っている。テレビ局に記者が詰めていることで、きめ細かな取材に対応できる体制を整えているのだ。

「そうですね。いつも局内に各テレビ情報誌の常駐記者さんたちがいますから、とにかくテレビに一番寄り添ってくれている、そして視聴者に対しても一番寄り添っているメディアである、ということを痛感していました。各局の宣伝部の人間は、みんな特別なメディアだと思っていましたよ」

雑誌は読者層が絞られる「ターゲット・メディア」（註3）といわれる。吉良俊彦は『ターゲット・メディア主義―雑誌礼賛―』において、その特徴を以下のように説明している。

ターゲット・メディアの代表格はなんといっても雑誌である。ファッションに興味がある、メイクに興味がある、料理に興味がある、インテリアに興味があるなど、何かに興味があるから人は雑誌を手に取るし、各雑誌が存在している。〈強調点原文ママ〉

ターゲットに強くアプローチするということは、興味を持った人の心、情報をもっと深く知りたい、詳細に知りたい、もっと多くの情報を知りたいという欲求に応えることでもある。（註4）

雑誌は、読者の興味、関心に応じてターゲットを絞っている。大関の言うように、まさに、テレビに興味がある人が手に取っている雑誌が、テレビ情報誌ということである。テレビ局にとってテレビ情報誌は、常に番組を宣伝してくれる特別なメディアという意識であることは理解できる。ということは、わざわざ広告出稿をしなくても、記事として取り上げてくれる存在ということになるのだろうか。ターゲット・メディアであれば、本来、広告効果も高いということが言えるわけだが、そのあたりはどう考えていたのだろう。

「それはなかなか難しいところですが、確かにテレビ情報誌には、広告よりも記事で書いてもらう方を重要視していたところはありました。なので、一時期、番宣広告はテレビ情報誌ではなく女性誌を中心に打っていたこともありました。ところが、こちらも認知経路媒体調査をやってみると、100万部近く出ている女性誌に広告を打っても、必ずしもそれほど上位に上がってこなかったりするんですね。なので費用対効果を考えたら、なかなか難しくなってきて。それでも読者ターゲットを分析しながらいろいろな雑誌に広告を打ちました」

確かに、長年テレビに寄り添ってきたテレビ情報誌ではあるが、近年、テレビ情報誌が、ともするとテレビ番組よりもテレビに出るアイドル寄りになっている傾向が強くなっている。いわば、表紙を含め、アイドル情報誌化しているようなところがあるが、これについては、どう感じているだろうか。

「それは私たちも感じていました。注目度や発行部数の面ではプラスでしょうが、雑誌ごとの個性がなくなってきた、と各局みんな思っていたのだろうと思います。だからこそ、『ＴＶガイド』でいつもと違った表紙・グラビアができたときは楽しかったですね。他局ではできないこと、本当はこういうことをやりたかった、ということ。テレビ情報誌はもちろん、各局もそれぞれが個性を出していく方が絶対いいですので、それが表現できたときは、とても嬉しかったですね」

その、いつもと違った『ＴＶガイド』とは、１９９７年に、当時の読売ジャイアンツ・松井秀喜選手とＳＭＡＰ・中居正広による２ショット表紙である。当時のトップアスリートとトップアイドルの共演ということで話題を呼んだ。

「ＴＶガイド編集部から面白い表紙のご提案をいただいて。この時期、日本テレビではプロ野球中継「劇空間プロ野球」で『ＨＯＰ ＳＭＡＰ ＧＩＡＮＴＳ』というキャンペーンを展開、ＳＭＡＰをジャイアンツ戦のイメージキャラクターとして起用し、ＣＭや広告を２年続けて制作していました。プロ野球中継の盛り上げになればと、ペナントレース中にもかかわらず松井選手も協力してくれました。そして野球といえば中居正広さんということで、事務所からもOKが出てこの企画が実現しました。ただ、お二人とも大変忙しいのでスケジュール調整が難しく、確かインタビューと撮影を10分くらいでやりましたね。松井選手には神宮球場での試合前の練習時間の合間に少しだけ時間をもらって。とにかく時間がないので撮影しながら同時に対談もしてもらいました。でも、こういうことができるのがテレビ情報誌の魅力だと思いました」

今や番組表はEPGで簡単に見ることができる時代になった。そんな時代のテレビ情報誌に期待することはどんなことだろう。

「EPGって、今見ようとして、その瞬間にテレビの前で見るのにはいいかもしれないですが、来週何見よう⁉ といったときには、なかなか使いにくいですよね。テレビ情報誌は、いろいろな番組と出合えるじゃないですか。これは書店で本を探す感覚に近いと思います。ネットで買うときはだいたいもう何を買うか決めてから買いますけど、リアルな書店だと『何かいいものあるかな』と〝宝探し〟のような発見がありますよね。雑誌の番組表でも、面白い番組を探していく楽しさがあると思います。そして、その横にちゃんと出演者や内容などの情報もあったりする。これはEPGには真似できません。出合い頭のように見つけて、『こんな番組やってるんだ』と初めて知ることによるテレビの楽しみ方も、きっとあると思うんです。それはテレビだけではなくて、他のメディアやエンタメでも言えることだと思います。知っているからこそ見られる、それは大事だと考えます。そういう意味でも、テレビ情報誌の存在意義は大きい、と私は思っています」

テレビ局にとっては、やはりまだまだテレビ情報誌というメディアは、必要なものという認識であるようだ。

「今思い出すと、制作スタッフたちは、みんなテレビ情報誌が好きでしたね。自分の番組をこれだけ詳しく特集してもらうことはなかなかないですから、宣伝マン以上にプロデューサーやディレクターたちは、取り上げてもらうことを喜んでくれました。やっぱり自分たちの番組に思い入れがありますから。だから、本当に短い記事でも書いてもらえるとすごく嬉しい。現場のスタッフたちの励みになるというのも大きいですね。プロデューサーや番組スタッフが誌面に登場することもありますし、作り手の思いも書いてもらえますので。それはなかなかほかのメディアにはないです。デジタルにはない、手に取れるものになるのって嬉しいんです。テレビは、放送で流れると形に残りませんが、雑誌は実際に〝手に取って〟繰り返し見ることもできますので」

手に取れて残るもの——。まさに、紙の雑誌ならではということだろうか。

「それはありますよ。別に情報だけだったら、情報のままでいいわけですから。それを、わざわざ印刷して製本して、そして日本中の書店に並べて読者の皆さんにお届けする。そこまでやるのって、大変ですが意味があるのだと思います」

テレビ情報誌から番組表がなくなる日

そんな、テレビ情報誌であるが、EPG時代になったということもあるのか、番組表というものの位置づけは、少しずつ変わりつつある。

前述したように、日本のテレビ情報誌は1960年代にまず週刊誌からスタートし、80年代後半の隔週刊誌隆盛の時代を経て、2000年前後からは月刊誌の時代となっている。

一般的に情報誌は、情報の鮮度、いわゆる情報の賞味期限というものを考えれば、発行サイクルは短い方が有利であるはずだ。たとえば、かつて情報誌の代名詞でもあった『ぴあ』は、1972年に月刊誌として創刊したが、1979年に隔週刊誌となり、1990年に週刊誌となった。雑誌の人気の高まりに応じて、より精度の高い情報を求めるようになっていったのである。

しかし、テレビ情報誌の発行サイクルは、現在のところ一般的な情報誌とは逆行する傾向にある。掲載されるテレビ番組表も、1週間分（週刊）→2週間分（隔週刊）→1カ月分（月刊）と、どんどんスパンが長くなっている。さすがに1カ月分より長い期間の番組表の掲載は現状では難しい。そうなると、もうその先は「番組表のないテレビ情報誌」という形になるのだろうか。テレビ情報誌が、芸能情報誌化していく傾向のなかで、それこそ番組表はEPGに任せて、違った価値観が求められる「番組表のないテレビ情報誌」が発行されていく兆候は、芽生えつつある。

読むテレビ情報誌

いわゆる「番組表のないテレビ情報誌」と言える雑誌は、すでに過去に発行されたことがある。1981年に学習研究社から創刊された『TV SPECIAL（テレビ・スペシャル）』がそれで、「テレビを読む雑誌」〈強調点原文ママ〉というサブタイトルがついている。テレビをネタ元に、読者ターゲットを男性ビジネスマンに想定した誌面構成であった。創刊号はAB判、148ページ、定価380円。表紙は当時放送中だったNHK大河ドラマ『峠の群像』をモチーフにしたイラストである。

創刊号から、同誌が想定していた読者ターゲットがよくわかる「'82いまテレビは… アダルトのテレビ奪回宣言」（註5）というルポライター・森彰英による特集の、リード部分を引用する。

わが国にテレビ本放送が開始されて、今年で30年目になる。すでにニューメディアどころか、成長した巨大児の姿だが、いぜんとして、〝テレビは女、子供のもの〟という見方が一般的になっている。とくに社会の第一線で働くアダルトにとって、テレビは関心の外にあった。

しかし、こうした人たちをブラウン管に引き寄せようという動きは、静かではあるが、テレビ界の周辺に起こりつつある。はたしてテレビはアダルトのものになるか。（以下略）

この特集では大人の男性を「アダルト」と位置づけ、アダルト層のテレビ活用法などを、石川甫（テレパック社長）、大山勝美（TBS第一制作局プロデューサー）、久里洋二（漫画家）、佐藤慶（俳優）ほか、テレビ業界人や作家など8人のコメントで構成している。

巻頭のカラーグラビアは、「人物クローズアップ」として、NHKドラマスペシャル『マリコ』の原作者・柳田邦男を取り上げている。また、「カラー紀行」と題して、日本テレビ『知られざる世界』から「日本のルーツ雲南をゆく」を特集している。

NHK大河ドラマ『峠の群像』特集は、堺屋太一の「『峠の群像』は現代ビジネスマン社会の縮図だ！」や、渡部昇一の「『峠の群像』を私はこうみる　事件の原因は〝根回し〟失敗にあった」といった、まさにビジネスマンを意識した内容となっている。

また、同誌は現状の視聴率調査に疑問を持ち、東西サラリーマン100人を対象に視聴状況を集計し、さらに25人を対象にどんな番組嗜好傾向があるのかについて「働きざかりのビジネスマン25人の番組選別実態調査」を実施、「潜在視聴率」と題して独自の視聴率調査結果を掲載している。

そのほか、五木寛之インタビュー「テレビの未来を語る」や、竹内均、佐木隆三、藤本義一らの寄稿、大山勝美の連載「私とTVドラマ」など、それまでのテレビ情報誌とは全く違った切り口で、まさに「テレビを読む」といった内容であったが、わずか2号で廃刊となった。雑誌の切り口としては十分あり得ると思うが、やはりテレビ情報誌を購入する層は、こういった雑誌を求めていなかったということであろう。

比較的年齢の高い層をターゲットとしたいわゆる「大人向けテレビ情報誌」という観点では、後年小学館から創刊された『テレビサライ』と通ずるものがある。現在刊行中の雑誌では『おとなのデジタルTVナビ』があるが、こちらは文字の大きな番組表が特徴で、総ページ数の約8割を番組表が占めている。「大人向け」という読者対象を、1981年創刊の『テレビ・スペシャル』では、アダルト層＝ビジネスマンを想定しているが、約20年後の2002年に創刊した『テレビサライ』以降の「大人向け」の読者対象は、いわゆるシニア層となっている。そこで重要視されているのが文字の大きな番組表であり、『テレビサライ』では番組表が別刷りタブロイド判の大判であり、『おとなのデジタルTVナビ』も「文字の大きさNo．1！ 40代からのテレビマガジン」と、ことさら文字の大きさを主張している。

総務省統計局の資料（註6）によれば、1980年の総人口に占める65歳以上の割合は9・1％であったが、2000年には17・4％となっていることからも明らかなように、「大人向け」のとらえ方がこの20年間で大きく変化している。また、『テレビ・スペシャル』でターゲットとしている〝アダルト〟と言う名称は、今日では大人向けというよりも、いわゆるR－18に代表される〝成人向け〟を指す言葉のイメージが強く、この点からも時代が大きく変化していることがわかる。

学研は『テレビ・スペシャル』の失敗を、のちに『週刊テレビライフ』を創刊する際に生かしている。『学習研究社50年史』には、『週刊テレビライフ』創刊の際、「後発誌として打って出るにあたり、57年（昭和〈筆者注〉）に男性向けテレビガイド誌『TV SPECIAL』（テレビスペシャル）で失敗した教訓を生かし、対象を25歳前後の女性におき、値段の安さと番組表の見やすさで勝負をかけた」（註7）とある。隔週刊誌として『テレビライフ』が現在も存続していることを考えれば、この時の失敗は無駄ではなかったということになる。同時に、男性向けのテレビ情報誌の成功はなかなか難しいということであろう。

番組表のないテレビ情報誌への取り組み

２０２３年現在、デジタル時代のテレビ情報誌のあり方として、各社が「番組表のないテレビ情報誌」への模索を行っている。

既存のテレビ情報誌でも、たとえば『B. L. T.』は、女性アイドルに特化したテレビ情報誌として１９９７年に創刊したが、２０１５年に番組表掲載を休止して、グラビアを中心とした「ビューティフルレディーのすべてがわかる新型テレビ誌！」（註8）としてリニューアルした。また、１９８７年に隔週刊テレビ情報誌として創刊した『テレビブロス』も２０１８年に月刊誌となり番組表掲載を休止、「さまざまなカルチャーを独自な切り口で紹介する新型テレビ誌」（註

9）として不定期刊誌にリニューアルし、現在は隔月刊として発行されていることは前述した。

2023年に休刊した週刊『ザテレビジョン』も、2019年10月11日号より、鹿児島・宮崎・大分版のみ番組表掲載を休止するなど、既存のテレビ情報誌でも番組表を掲載しないものが散見されるようになっていた。

テレビ情報誌を複数発行している東京ニュース通信社は、いち早く「番組表のないテレビ情報誌」と銘打って、2010年より季刊のムックとして『TVガイドplus』を発行している。石川究TVガイド編集長（当時）は「この雑誌はいわばタレントとテレビ情報のメディアですが、テレビ番組情報誌にはそういう役割もあるということ。」（註10）とコメントしている。

さらに、各テレビ情報誌は、それぞれムックや本誌の増刊という形で、番組表のないテレビ情報誌の模索を始めている。しかし、それらは純粋にテレビ情報誌というものではなく、写真集やアイドル雑誌に近いものとなっている。それまでテレビ情報誌の発行を通して放送局や芸能事務所との関係性ができているので、その流れで増刊を作ることは、ある意味自然な流れともいえる。「番組表のないテレビ情報誌」と銘打って発行を始めた『TVガイドplus』も、現在はアイドルグラビア誌と言ってもよい作りになっている。

表8は各社から発行されている主なテレビ情報誌からの派生雑誌である。それぞれ『TVガイド』『ザテレビジョン』『テレビライフ』『テレビナビ』『テレビファン』が母体となり派生した増

刊やムックだが、どれも「テレビ情報誌」というよりもグラビア誌、インタビュー誌という体裁である。

また、かつてはタウン情報誌にも重要なコンテンツとしてテレビ番組表が掲載されることが多かった。その先駆けは1990年に角川書店から創刊された『ｔｏｋｙｏ　ｗａｌｋｅｒ　Ｚｉｐａｎｇ（トウキョウウォーカージパング）』（のちの『Ｔｏｋｙｏ　Ｗａｌｋｅｒ（東京ウォーカー）』であった。その後、多くのタウン情報誌がテレビ番組表を掲載していたが、インターネットの時代になり、タウン情報誌をとりまく環境も変化し、テレビ番組表の掲載を取りやめる傾向にあるほか、タウン情報誌自体が休刊となる例が増えている。

番組表のその先へ

この先、テレビ番組表をはじめとする番組情報はどうなっていくのだろうか。

表8／主なテレビ情報誌から派生した雑誌

誌名	発行元
TVガイドplus（テレビガイドプラス）	東京ニュース通信社
TVガイドperson（テレビガイドパーソン）	東京ニュース通信社
TVガイドAlpha（テレビガイドアルファ）	東京ニュース通信社
TVガイドdan（テレビガイドダン）	東京ニュース通信社
ザテレビジョンCOLORS（ザテレビジョンカラーズ）	KADOKAWA
TVLIFE Premium（テレビライフプレミアム）	ワン・パブリッシング
TVnavi SMiLE（テレビナビスマイル）	産経新聞出版
TVfan CROSS（テレビファンクロス）	メディアボーイ

アメリカではニューヨークタイムズ紙が、２０２０年8月31日付をもって、81年間続けてきたテレビ欄の掲載を休止した。同紙の文化欄編集者ギルバート・クルズ氏は「デジタル・ストリーミングの時代になり、番組表という形が視聴スタイルに合わなくなった」としている（註11）。読売新聞によれば、「電子版有料会員が４００万人を超え、80万部余りの紙媒体を大幅に上回っているほか、動画配信サービスの利用者の急増を踏まえた措置」（註12）ということである。

新聞のテレビ欄に関しては日本でも同様で、ＮＨＫ放送文化研究所の「日本人とテレビ」調査では、２０００年から番組選択の方法について調査しているが、番組を「新聞のテレビ欄を見て選ぶ」という人は、２０００年60％→２００５年56％→２０１０年49％と、調査のたびに減少している（註13）。

確かに日本においても、テレビの見られ方はだいぶ変化してきている。同時に、テレビのコンテンツ自体も大きく変わってきた。

かつては、毎日どこかの局で「映画」を放送し、毎日どこかの局で「歌番組」を放送していた。次はどんな映画が放送されるのか、来週の歌番組にはだれが出演するのか、そんな知りたかった情報が載っているのがテレビ情報誌の番組表でもあった。

上智大学教授の渡辺久哲はテレビ番組の変化と同時に、視聴者の側の変容について、次のように指摘している。

HDR〈ハードディスクレコーダー〈筆者注〉〉やデジタル多チャンネルの普及によって視聴者が多大な利便性を手に入れたことは疑い得ない事実である。しかし、それと引き換えに失ったものも少なくない。

寄席であり、演劇であり、生演奏であったエキサイティングなテレビ番組が、「コンテンツ」と呼ばれ、「動画」と呼ばれるようになって、精彩を欠いてきたと思うのは私だけだろうか。「最近のテレビはつまらなくなった」はいまや視聴者の常套句であるが、そういう消費者自身、〝テレビを楽しむ力〟を失っていることも事実だろう。(註14)

確かに、テレビの多チャンネル化は視聴者にとって選択肢が広がったといえるが、逆に選択肢が多過ぎて、本当に自分の見たいものに巡り合いにくくなっているともいえる(註15)。田原隆は「あくまでもテレビ番組あっての情報誌」としながら、テレビ情報誌の「テレビを見やすくする、親しみやすくする、身近にする、わかりやすくするという効果は大きい」と語っている(註16)。

かつて「新聞を毎日取るのは負担だが、テレビ番組表はほしい」という人たちが、新聞より安価で済むテレビ情報誌に飛びついた（註17）。服部および服部研究室もテレビ情報誌の創刊が続いた当時、「ラ・テ欄が高い閲読率をもつことからも、テレビ情報に対するニーズは高く、最近の情報誌創刊ラッシュ、急速な部数拡大が、新聞に少なからず影響を与えていることは容易に推測できる。」（註18）としている。１９８０年代には、そういった若者をターゲットにしたテレビ情報誌も創刊した。

しかし、若者のテレビとのかかわり方も大きく変化した。総務省による令和元年度（２０１９年度）平日の主なメディアの利用時間調査を見ると、20代はテレビのリアルタイム視聴時間が69・０分であるのに対して、インターネットの利用時間は１７７・７分に及ぶ。休日ではテレビ視聴時間は87・４分と増えるが、インターネットの利用時間も２２３・２分とさらに増えている（註19）。

また、株式会社アットホームが２０２０年に行った20代で一人暮らしの社会人を対象にした調査によると、テレビを持っている人は78・３％いるものの、テレビを最低限必要な電化製品と思っている人は59・４％にとどまっている。（註20）

今や若者にとって新聞やテレビは必ずしも必要なものではなく、どちらもスマートフォン１台あれば賄えるということなのかもしれない。

時代の変化を受けながらも、テレビ情報誌はテレビを楽しむ視聴者（読者）のために発行を続けているわけだが、視聴者のライフスタイルも変化し、テレビ番組自体も変化してきていることを考えると、近い将来「テレビ番組表のないテレビ情報誌」が一般化する日が来るのかもしれない。

（註1）インタビューは2023年4月26日に実施した。

（註2）日本テレビで長く土曜午後9時から放送されていたドラマ枠。1994年の『家なき子』や、1995年の『金田一少年の事件簿』、1996年の『銀狼怪奇ファイル』、2005年の『ごくせん』など、多くの人気ドラマを放送していた。2017年よりこのドラマ枠は土曜10時に変更となった。

（註3）吉良俊彦『ターゲット・メディア主義―雑誌礼賛―』（宣伝会議、2006年）18頁

（註4）前掲書、19頁

（註5）『テレビ・スペシャル』1982年1月号（学習研究社）15―17頁

（註6）総務省報道資料・統計トピックスNo.126「統計からみた我が国の高齢者」（総務省統計局、2020年9月20日）https://www.stat.go.jp/data/topics/pdf/topics126.pdf（2021年12月21日閲覧）

（註7）学習研究社50年史編纂委員会『学習研究社50年史』（学習研究社、1997年）300頁

（註8）日本雑誌協会『マガジンデータ2020』（日本雑誌協会、2019年）65頁

（註9）前掲書、65頁

（註10）高橋孝輝「変わりゆく「番組情報ビジネス」最前線」『GALAC』2012年2月号（放送批評懇談会）20頁

（註11）https://www.nytimes.com/2020/08/28/insider/TV-listings-ending.html（2020年9月4日閲覧）

（註12）読売新聞2020年8月31日付。

（註13）諸藤絵美、平田明裕、荒牧央「テレビ視聴とメディア利用の現在（1）～「日本人とテレビ・2010」調査から～」『放送研究と調査』2010年8月号（日本放送出版協会）5―6頁

（註14）渡辺久哲「多チャンネル時代の新たなる不幸」『GALAC』2012年2月号（放送批評懇談会）18頁

（註15）平松恵一郎「テレビというビジネスモデルのこれから―民放テレビの現在・過去・未来から考察するメディア論―」『立教ビジネスデザイン』第11号（立教大学ビジネスデザイン研究科、2014年）126―127頁

（註16）田原隆、入江たのし、兼高聖雄、日比俊久「「テレビ番組」あっての情報誌　それ以上でもそれ以下でもない！」『GALAC』2003年7月号（放送批評懇談会、2003年）41頁

（註17）テレビ情報誌に関する座談会において、「学生など新聞を取らない人が増えて、その人が新聞代わりに買っているのじゃないかな」（日比2003）という発言がある。

（註18）服部孝章、服部研究室「ラジオ・テレビ欄の研究―新聞の機能と役割―」『応用社会学研究』第34号（立教大学社会学部研究室、1992年）254頁

（註19）「令和元年度情報通信メディアの利用時間と情報行動に関する調査報告書〈概要〉」https://www.soumu.go.jp/main_content/000708015.pdf（2020年11月7日閲覧）

（註20）https://athome-inc.jp/wp-content/uploads/2020/06/2020062301.pdf（2020年11月7日閲覧）

第7章 日本のテレビとテレビ情報誌

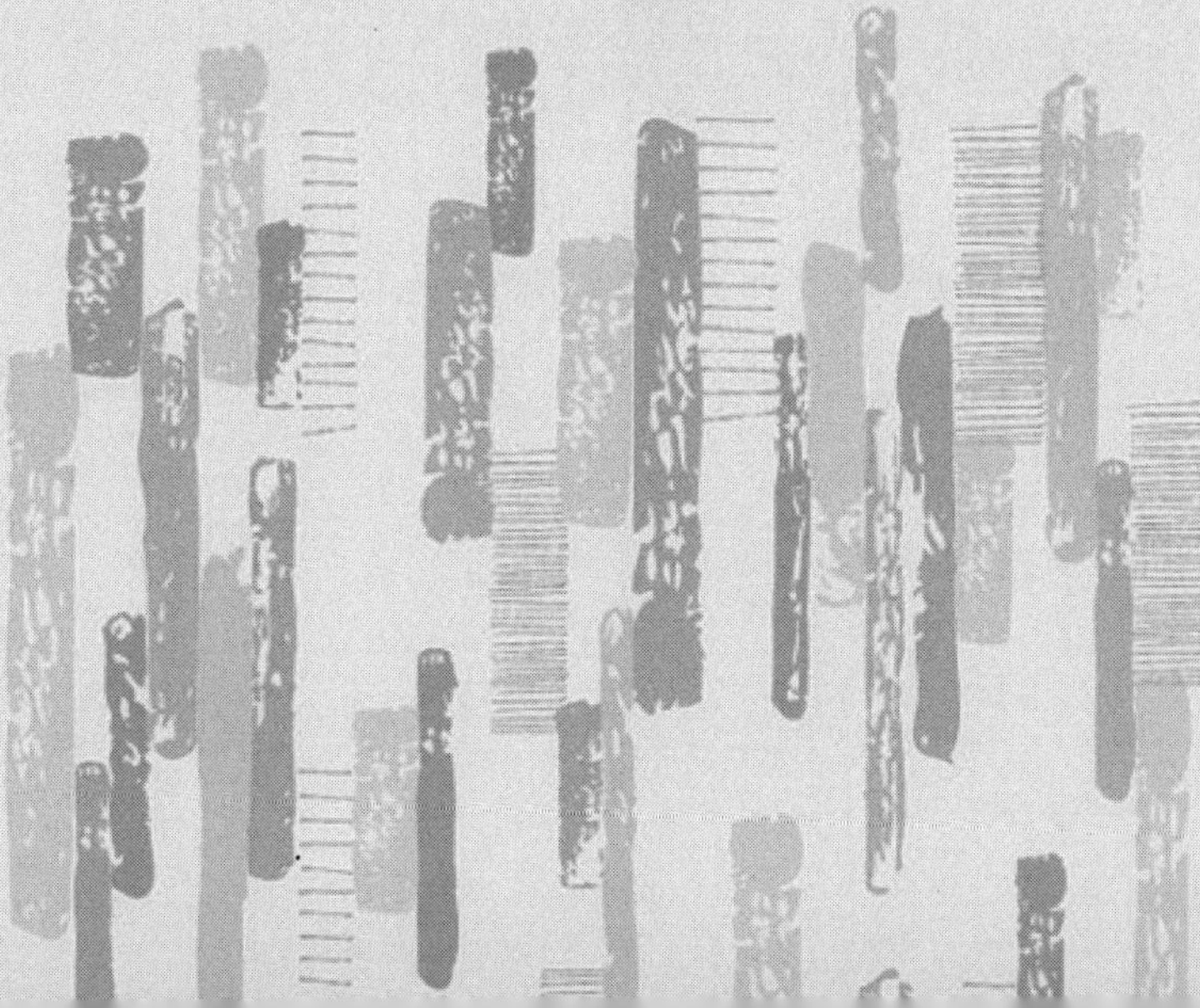

テレビ自体の環境の変化

日本のテレビ情報誌の起点を1960年とすれば、テレビ情報誌が誕生して実に60年以上の歳月が流れたことになる。

1953年に放送を開始した日本のテレビ放送の歴史も、2023年には放送開始70年を迎えた。白黒放送で始まったテレビは、1960年にはカラー放送を始めた。地上波を7チャンネルの中から選んで見ていた時代（註1）から、衛星放送の開始で多チャンネル化し、さらにアナログ放送からデジタル放送となり、4Kや8Kといった高画質放送も始まっている。テレビ受像機も、ブラウン管からプラズマ、液晶、有機ELと変革を続け、当初は14インチほどのサイズで縦横比4：3だったテレビ画面も、現在では縦横比は16：9になり、家庭用テレビでも50インチ以上の大画面が売り出されている。画面が大きくなったが、受像機自体の奥行はブラウン管の頃よりも格段に小さくなった。かつては家具のように鎮座していた大型テレビも、今や壁に掛けることも可能になった。

さらに大きな変化は、録画機器の登場である。これにより、テレビは必ずしもオン・タイムで見なくても、録画してあとから視聴することができるようになった。録画機器もVTR（ビデオ・テープ・レコーダー）からＨＤＲ（ハード・ディスク・レコーダー）へと、こちらもデジタル化した。放送のデジタル化は、テレビ画面上での番組表の検索を可能にし、画面上での録画予約を可能にした。さらには、録画予約不要で放送中の番組をすべて録画する「全録モデル」の家庭用ＨＤＲも発売されている。

また、インターネット環境も急速に発達し、今やテレビは放送だけでなく、インターネットに接続することによって、さまざまな動画配信サービスでも視聴できる時代となった。２０２０年からＮＨＫが受信契約世帯を対象に同時配信「ＮＨＫプラス」を始めたほか、２０２１年10月からは日本テレビも民放共通の配信プラットフォームＴＶｅｒ（ティーバー）を使って「日テレ系ライブ配信」（現・「日テレ系リアルタイム配信」）を開始、２０２２年からは在京民放各局が同時配信を開始している（註2）。

かつて家庭で見ることのできる映像メディアはテレビだけだったが、今やテレビの多チャンネル化だけでなく、ＴＶｅｒの見逃し配信をはじめ、各種動画配信サービスなど、映像メディア自体の選択肢が大きく広がったことにより、あらためて「テレビとは何か」という時代に入り始めている。

地デジ化におけるテレビ情報誌

テレビ自体の環境の変化の中で、特に注目したいのは、2011年の地上波のデジタル化（地デジ化）である。地デジ化以降、番組表はEPGによりテレビ画面上で簡単に見ることができるようになった。しかしながら、テレビ情報誌はその2011年以降、大きく部数を落とすということはなかったのである。

図12は、2000年から2020年までの、主なテレビ情報誌の発行部数の推移をグラフにしたものである。これからもわかるように、各誌とも全体的に部数を落としてはいるが、そのカーブは緩やかで、特に地デジ化によって急激に落としている傾向は見られない。EPGは同時刻を横軸で見ていくとき、あるいは明日以降の番組を確認するためには画面のスクロール等が必要であるが、テレビ情報誌は番組表1日分が見開き2ページで収まる。1日分をひと目で見ることができ、翌日分はページをめくればすぐわかるという一覧性に優れている利点がある。録画予約の利便性や急な番組変更への対応という点では到底EPGには敵《かな》わないが、明日以降のテレビ視聴計画を立てるには、紙媒体は優れているといえる。

地デジ化でも大きく部数を落とさなかったということを考えると、テレビ情報誌の読者は、番

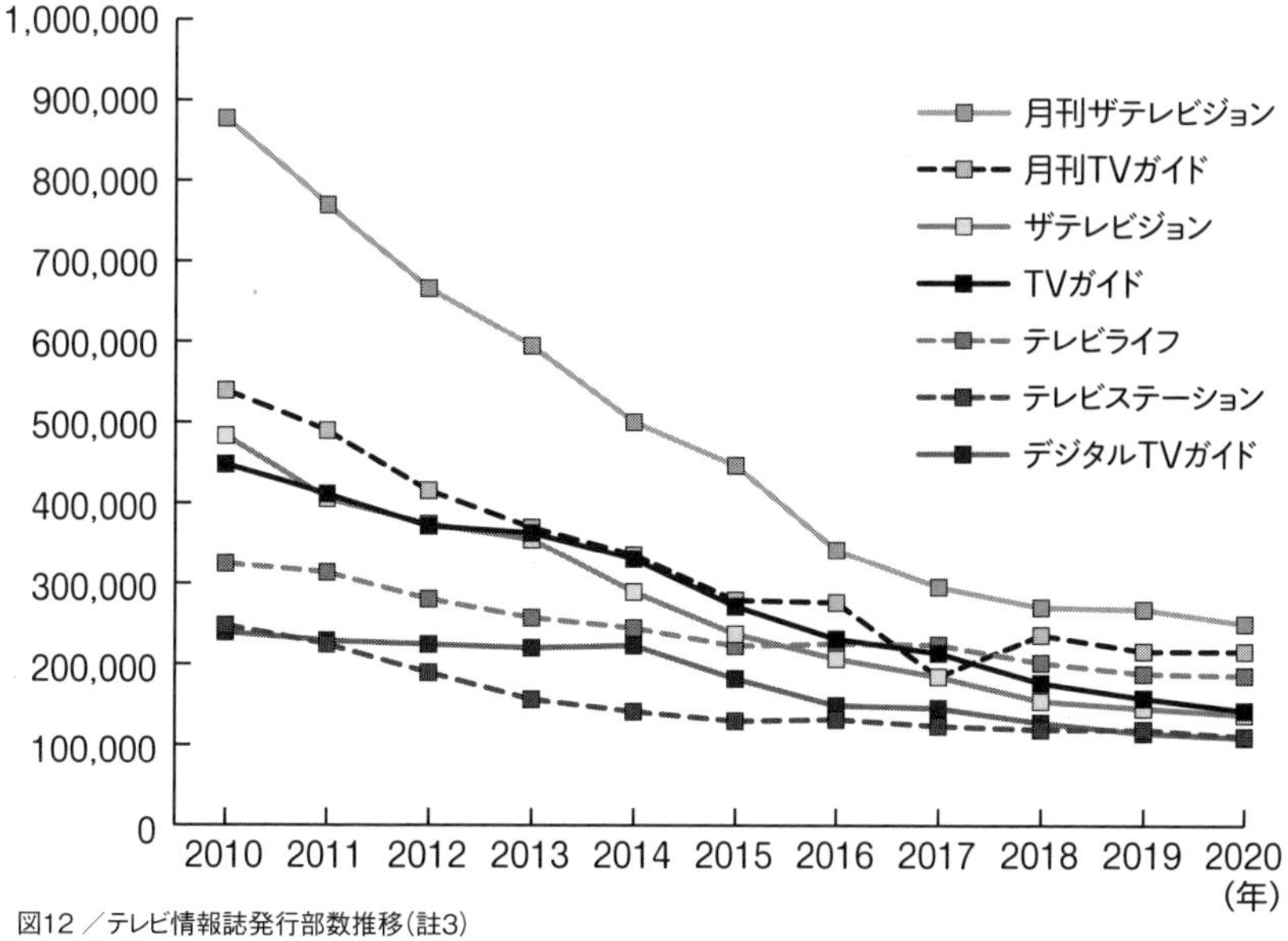

図12／テレビ情報誌発行部数推移(註3)

組表以外にも価値を感じているということであろう。

また、田原・入江・兼高・日比は「テレビ情報誌の最新動向　なぜ今、月刊誌なのか？」という座談会の中で、テレビ情報誌について次のように語っている（註4）。

日比●昔の芸能誌の役割を果たしている。「明星」や「平凡」の世界ですね。三人娘がどうしたとか、年始号には晴れ着をきて出てくるとか。というよりテレビ情報誌が出てきて「明星」「平凡」がつぶれたという流れかな。女性週刊誌などが扱う芸能情報と異なるのは、芸能人の離婚などスキャンダル情報が載っていないこと。

（中略）

兼高●「明星」「平凡」はタレントそのものがコンテンツ。テレビ情報誌はこのタレントがあれをやるの?という視聴者の見方に応える。すると、タレントそのものだけでなくプロデュースとか演出の裏話とかを載せていく。この意味では、確かに「明星」「平凡」に取って代わったわけですね。

まさにテレビ情報誌も、新年特大号にはタレントが晴れ着を着て登場することも多く見られた。スキャンダルやゴシップは一切載らず、アイドルやスターたちのグラビアやインタビューが誌面を彩る。テレビ情報誌はテレビの情報だけでなく、かつての『明星』や『平凡』のように「スター」の情報誌」という役目を担っているともいえる。

テレビ情報誌の現在

テレビがデジタル化していき、インターネットを含めたテクノロジーの進化の中にあって、テレビ情報誌というアナログ・メディアは、今も複数存在している。

あらためて、2023年10月時点で書店流通をしているテレビ情報誌の現在を見ておきたい。

なお、各誌の部数は、日本雑誌協会加盟社の雑誌については印刷証明付部数・2023年4月

～6月の平均印刷部数（註5）とし、それ以外は2023年4月現在の公称部数（註6）とした。

1，週刊誌

『週刊TVガイド』（東京ニュース通信社）

1962年創刊。現存するテレビ情報誌の中では一番歴史がある唯一の週刊誌。A5判のコンパクトサイズで創刊し、30年以上そのサイズを守ってきたが、1995年にA4変形判に大判化、現在はA4ワイド判となった。全国14地区版を発行。毎週水曜日発売（首都圏標準、以下各誌とも同様）。番組表は地上波＋BS。12万1585部。

2．隔週刊誌

（1）『テレビライフ』（ワン・パブリッシング）

1983年に学習研究社（学研）より週刊誌として創刊、1994年に隔週刊誌となり現在に至る。2020年7月、学研プラスの会社分割により誕生したワン・パブリッシングからの発行となった。A4判。全国6地区版を発行。隔週水曜日発売。番組表は地上波＋BS。16万8638部。

（２）『テレビステーション』（ダイヤモンド社）

１９８７年に隔週刊誌として創刊。以来、表紙は一貫してイラストを採用している。現在の誌名ロゴには『ＴＶ ｓｔａｔｉｏｎ＋ｄｉｇｉｔａｌ』と表記されており、ＩＰＧ（註７）番組表とのコラボレーションとしてタレントスケジュールをＷｅｂ展開している。Ａ４変形判。関東・関西の２地区版を発行。隔週水曜日発売。番組表は地上波＋ＢＳ。10万２６７部。

３．月刊誌

（１）『月刊ザテレビジョン』（ＫＡＤＯＫＡＷＡ）

１９８７年に創刊した『月刊テレビコスモス』が、１９９５年に『月刊ザテレビジョン』としてリニューアル創刊。現在は、見開きに地上波とＢＳを掲載した「スーパーワイド番組表」が特徴。Ａ４ワイド判。全国６地区版を発行。毎月24日発売。番組表は地上波＋ＢＳ。24万１０００部。

（２）『デジタルＴＶガイド』（東京ニュース通信社）

２００１年、地上波＋ＢＳデジタルの番組表を掲載して創刊。２００３年より、番組表（地上波、ＢＳ、ＣＳ）を１日３見開きで掲載し、いわゆる「３波誌」のさきがけとなった。Ａ４判。

全国3地区版を発行。毎月24日発売。番組表は地上波＋ＢＳ＋ＣＳ。8万6132部。

（3）『月刊テレビナビ』（産経新聞出版）

2003年に産経新聞社より創刊。新聞社が発行する初めての定期刊行テレビ情報誌。2010年8月号より産経新聞出版発行となる。Ａ4判。全国12地区版を発行。毎月24日発売。番組表は地上波＋ＢＳ。55万部（公称部数）。

（4）『月刊テレビファン』（メディアボーイ）

2007年に共同通信社より地上波、ＢＳ、ＣＳを掲載した「3波誌」として創刊されるが、2011年にCS番組表の掲載を休止した。2016年6月号より版元がメディアボーイに変更となった。Ａ4判。全国3地区版を発行。毎月24日発売。番組表は地上波＋ＢＳ。18万部（公称部数）。

（5）『おとなのデジタルTVナビ』（産経新聞出版）

2009年に『デジタルTVナビ』という題号で「3波誌」として創刊、2010年12月号より『おとなのデジタルTVナビ』に改題。キャッチフレーズは「文字の大きさNo，1！40代からのテレビマガジン」。全国2地区版を発行。A4判。毎月24日発売。番組表は地上波+BS+CS。10万部（公称部数）。

（6）『月刊TVガイド』（東京ニュース通信社）
2004年に『TV Japan（テレビジャパン）』として創刊、2011年に『月刊TVガイド』に題号を変更した。2020年12月号より、番組表を本誌から取り外すことができる別刷り仕様になった。A4ワイド判。全国6地区判を発行。毎月24日発売。番組表は地上波+BS。12万5159部。

（7）『月刊スカパー!』（ぴあ）
1996年に『月刊パーフェクTV!』として創刊、1998年にプラットフォームの合併により『月刊スカイパーフェクTV!』となる。スカパー!&プレミアムサービス完全対応のスカパー!オフィシャルガイド誌。A4判。毎月24日発売。番組表はCS（スカパー!+プレミアムサービス）+BS。5万9271部。

（8）『スカパー!TVガイドプレミアム』（東京ニュース通信社）

1998年、スカイパーフェクTV!誕生に合わせて『スカイパーフェクTV!ガイド』として創刊。プレミアムサービス完全対応のスカパー!オフィシャルガイド誌。A4変形判。毎月24日発売。番組表はCS(プレミアムサービス)。5万6500部。

(9)『スカパー!TVガイドBS+CS』(東京ニュース通信社)
2002年に『スカパー!2 TVガイド』として創刊。スカパー!サービス対応のスカパー!オフィシャルガイド誌。A4ワイド判。毎月24日発売。番組表はCS(スカパー!)+BS。5万3036部。

テレビ情報誌は、その時代時代に合わせて、常にテレビというメディアに寄り添って成長してきた。テレビ離れといわれる現代においても、これだけの種類のテレビ情報誌が発行されていることがその証といえるだろう。

テレビの黄金時代とは

日本でテレビ情報誌がこのように広く受け入れられ、現在でもこれだけ多くの雑誌が存在しているのは、やはりテレビというものが、日本で広く受け入れられてきたメディアであるという現れではないだろうか。

２０１０年に発行された『調査情報』では、「２０１０年日本人とテレビ」という特集において、「１９５３年のテレビ放送開始以来、日本人はテレビ視聴に夢中となり、70年代半ばにはテレビは最強のメディアとなった。」(註8)と記している。

また、藤原功達、伊藤守は、『テレビと日本人 「テレビ50年」と生活・文化・意識』において、テレビというニューメディアが家庭の中に入ってきた当時のことを「動く映像情報の多くは、子どもから大人まで、年齢や職業、学歴の違いを超えて、楽しめるものとして受けとめられてきた。」(註9)〈強調点原文ママ〉としている。

市川哲夫も『中央評論』「特集 日本人とテレビ」において、「テレビは二〇世紀最大の発明品の一つだが、とりわけ、「日本人」は「テレビ好き」の国民と言われて来た。」(註10)と記した。

テレビは、１９６０年代に、演出家、脚本家である今野勉の言うところの「テレビの青春」(註11)時代を過ごし、作家の小林信彦によれば１９７２〜１９７３年に「テレビの黄金時代」の終わりを迎えた(註12)とされる。

このあたりを称して「テレビの黄金時代」といわれることが多い。しかし「黄金時代」とは、その人の年齢や生きてきた年代、あるいは見てきたテレビ番組によって、大きく左右されるものではないだろうか。現にテレビ情報誌が隆盛の時代を迎えるのは、小林の指摘する「黄金時代」よりも10年ほど後のことである。今野や小林のように、その草創期からテレビにかかわってきた世代と、トレンディードラマ全盛期に青春時代を過ごした世代では「黄金時代」のとらえ方は異なるであろうし、さらに下の世代ではまた違ったとらえ方が考えられる。

たとえば、テレビが登場するまでは「ラジオの黄金時代」といわれていた。日本のラジオは、1952年8月に受信契約数が1000万件を突破、1953年にテレビ放送が開始されるまでは一家団欒の中心にあり、まさに黄金時代であった（註13）。テレビという新しい放送メディアが登場するまでを「ラジオの黄金時代」とすれば、テレビにとっての黄金時代の終焉は、テレビのブラウン管をモニターとして、テレビ放送以外の目的で使用され始めた頃ではないだろうか。

放送目的以外ということで考えられるのは、ビデオとゲームと言うことになる。佐藤卓己は『現代メディア史』において、それを次のように指摘している。

ビデオ装置の接続によってテレビのブラウン管は、一方的な受信画面として利用されるのみならず、好みの映像の再生画面として、あるいはゲームのモニターとして「私的」に利用されるようになった。（註14）

ビデオ録画とテレビ情報誌

家庭用VTR（ビデオ・テープ・レコーダー）は、1975年にソニーから発売された「ベータマックス」が最初である。翌年には日本ビクターより規格の異なる「VHS」方式のVTRが発売され、1980年代後半には家庭でテレビをビデオに録画予約をするという行為が一般的になっていた。

録画予約を行うためには、番組表を見ながら、録画開始時刻と録画終了時刻を入力するという方法だった。しかし、この作業が意外と面倒で、かつ指定時刻を間違えて録画に失敗するというケースも少なからずあった。

この録画予約をなんとか簡単にできないかということで、1986年9月に松下電器産業（現・パナソニック）から、バーコード予約機能の付いたVHSビデオデッキ「マックロード21」が発売された。これは専用のスキャナーで、予約したい時刻や予約したいチャンネル番号のバーコードをなぞってデッキに送れば録画予約ができるというもので、ひとつひとつ時刻を指定して予約するよりも作業がかなり軽減されるものであった。さらに、このビデオデッキの発売に合わせて、『週刊TVガイド』が同年9月19日号より、主要な番組の録画予約用バーコードの掲載を開始し、『ザテレビジョン』も9月26日号より掲載を開始した。これを利用すれば、より簡単に録画予約が行えるというものであったが、録画予約用バーコードを掲載するには誌面上にそれなりのスペースが必要であるため、番組表内ではなく、別途バーコード用のページを作って対応する必要があった。『ザテレビジョン』は1994年7月1日号を最後にバーコードの掲載を中止し、『TVガイド』も大判化直前の1995年11月3日号でその掲載を終了した。

録画予約のスタンダードとなったGコード

1991年12月、朝日新聞は、アメリカのジェムスター・デベロップメント社が録画予約用に開発したジェムスター・コード（Gコード）を1992年より紙面に掲載することを発表した。これは、番組それぞれに振られた1桁から8桁の数字を、「ビデオプラス」という録画予約用の小さな装置に打ち込み、ビデオデッキの近くに置いておくだけで、予約時刻になれば赤外線でその情報をビデオデッキに送り、録画を開始するという画期的なシステムであった（註15）。

朝日新聞は1992年4月1日付より、Gコード付き番組表とテレビ・芸能欄を合わせた「Gセレクション」というページで先行掲載した。7月からは『TVガイド』や『ザテレビジョン』といったテレビ情報誌や、『日刊スポーツ』が掲載を開始した（註16）。12月1日付より朝日新聞、読売新聞、毎日新聞といった全国紙が番組表内への掲載を開始し、その後、一部地域紙を除いて、多くの新聞の番組表に掲載されるようになっていった。番組表にGコードを掲載するためには、番組表内に全角5文字分のスペースが必要になる。その分、番組情報を削らなくてはならないが、情報量の減少よりもGコード掲載の方が読者のニーズがあるという判断で、各新聞社はGコード掲載を選択した。

テレビ情報誌のGコード掲載は、当初は番組表内ではなく、主要な番組のみを選んで別ページで載せていたが、『ザテレビジョン』は1992年8月28日号より新聞と同様に番組表内への掲載を始めた。『TVガイド』も1995年11月10日号の大判化第1号から番組表内への掲載を始めている。

その後、Gコード機能を搭載したビデオデッキが各社から発売され、「ビデオプラス」を使用しなくてもビデオデッキのリモコンでGコードを打ち込めば録画予約ができるようになり、Gコードは広く普及していった。

録画予約方式のスタンダードとなったGコードだが、2011年7月の地上デジタル化によって、番組予約はEPGで行うようになり、約20年でその役目を終えた。Gコードがなくなることで、番組表の情報量は再び5文字分が増えることとなった。加えて、デジタル放送は原則としてステレオ放送のため、ステレオ放送を示すマークも不要になった。

テレビゲームの登場

ビデオにはテレビ放送を録画して視聴するというものと、パッケージとなっているビデオソフトを視聴するという2種類の楽しみ方があるが、どちらも映像を見るという点では、テレビ視聴に近いものがある。しかし、テレビゲームは明らかにテレビ視聴とは異なる。家庭用ゲーム機をテレビにつなぐことで、これまでとは全く異なるテレビの使い方が始まった。

家庭用テレビゲーム機は1970年代にいくつか発売されるが、広く大ヒットしたものは1983年に任天堂から発売されたファミリーコンピュータ（ファミコン）である。1985年に発売されたファミコン用ゲームソフト『スーパーマリオブラザーズ』は大ヒットし、日本を代表するキャラクターのひとつとなった。それは、2016年のリオデジャネイロ・オリンピックの閉会式で、安倍晋三首相（当時）がスーパーマリオに扮して登場したことでもよくわかる。その後、1990年にスーパーファミコン発売、1996年にはNINTENDO64発売と、ハード面も進化していった。一方、ソニー・グループからも1994年にプレイステーション（プレステ）が発売され大ヒット、2000年にはプレイステーション2が発売され、テレビゲームというものがテレビの使われ方としてすっかり定着していく。

この歴史をテレビ情報誌のそれと重ね合わせてみると、テレビゲームが誕生して市民権を得ていく頃は、ちょうど隔週刊テレビ情報誌の時代と重なる。ビデオやゲームなど、まさに若者を中心に流行し始めた新しいテレビの使い方の時代と、若者雑誌を志向していた隔週刊テレビ情報誌の時代は合致し、同時にそれは「テレビの黄金時代」が終焉を迎えることを意味している。

1985年から5年ごとに放送意向調査「日本人とテレビ」を行ってきたNHK放送文化研究所は、テレビの見られ方の変化に伴い、2020年秋より同調査を「全国メディア意識世論調査」に変更した（註17）。同研究所の斉藤孝信、平田明裕、内堀諒太は、テレビの接触頻度を尋ねる調査が変化していったことについて、次のように記している。

「テレビ」とはすなわち「テレビ受像機で、放送と同時にテレビ番組を見ること」を指していたのである。このようなかつての定義をもって、視聴する機器や場所、サービス、タイミングも多様になった現在のテレビ視聴の実状を尋ねること自体に限界が訪れたのである。（註18）

また、図13は、日本の広告費の推移を示したものだが、長年マスコミ4媒体のトップを独走して来たテレビの広告費が、2019年についにインターネットに抜かれた（註19）。広告費の多寡

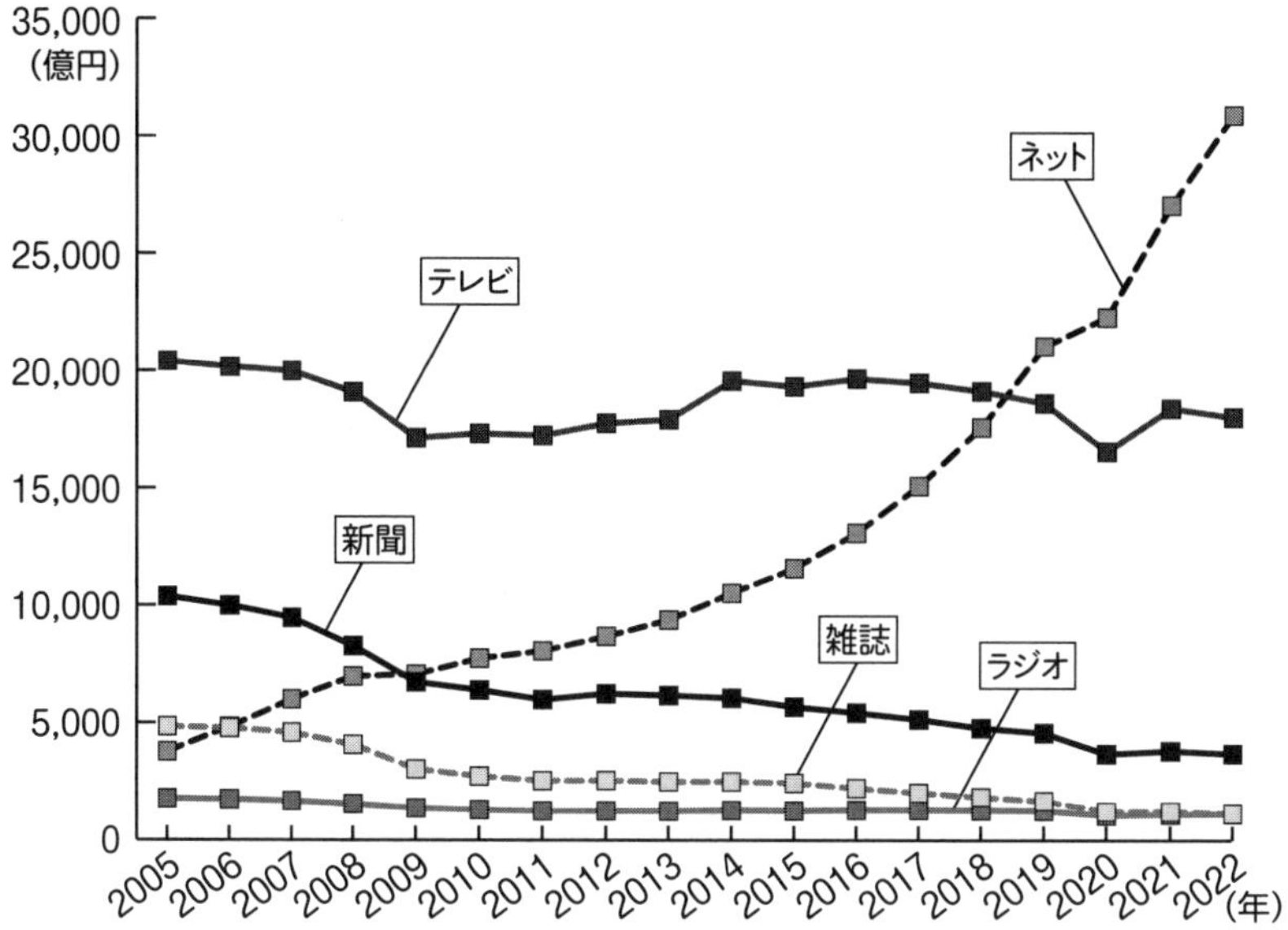

図13／日本の広告費の推移（電通「日本の広告費」（註20）を参考に筆者作成）

は広告効果の表れでもあり、社会的存在感を見るうえでもわかりやすい指標である。ここからも「テレビの黄金時代」の終焉が見て取れる。

リモコンが変えたテレビ視聴

現在、テレビはリモコンで操作することが一般的である。日本初の無線によるテレビのリモコンは、１９５０年代の終わりに登場しているが、広く知られるようになったのは１９７１年に三洋電機のテレビに搭載された「ズバコン」ではないだろうか。

各家庭でリモコンが一般的になるのは、ビデオの普及とほぼ同じ１９８０年代の中ごろからである。テレビをリモコンでザッピングして見る時代と、ビデオで録画してから見る時代とはほぼ重なると考えられる。

リモコン以前、すなわちビデオがなかった時代のテレビ視聴には、それなりの真剣さがあった。言い換えれば、そこにはみんなが見ているテレビを見逃すことへの焦燥感が存在したといえる。しかし、リモコン時代になると、テレビも誕生から30年以上がたち、人々もテレビというものにだいぶ慣れてきて、それほどありがたいメディアではなくなっていた。どうしても見たいものであれば録画しておけばいいという保険もあり、見逃すことへの後悔も少なくなっていた。

そしてインターネットの時代になり、録画することへの意識もかなり変わってきている。今や、見逃した番組はすべてではないが、1週間以内ならTVerで見ることができるようになった。さらにNHKを含め各局独自のサイトでは、もっと以前に放送された番組も視聴することが可能である。

テレビ情報誌の2極化

現在のテレビ情報誌は、たとえば地上波・BS・CSを掲載する「3波誌」のような、番組表を重視するものと、番組表よりもアイドルやタレントのグラビアを重視するものに2極化している傾向が見える。この2極化こそが、前者をヘビーユーザー向け、後者をライトユーザー向けと、それぞれの存在を反映したものといえる。そして、その傾向は今後さらに強くなると想像できる。

序章で示したテレビ情報誌を買ってまでテレビを能動的に見る層、いわゆる「テレビウォッチャーとしてのエリート」といえるのは、現在では「3波誌」を購入するようなヘビーユーザーを指す。しかし、たとえ読者が2極化しても、テレビ情報誌がテレビとともにあることには変わりはない。しかも2極化している読者の中心はどちらもシニア層であると考えられる。もともと「テレビウォッチャーとしてのエリート」が誕生した1960年代に、テレビとともに幼少期を過ごした世代は、当時「テレビっ子」と呼ばれた。「テレビっ子」たちはそのままテレビから離れることなく大人になり、現在はシニア層と呼ばれる年代に入っているが、その多くが変わらず「テレビ好き」だ。斉藤、平田、内堀は、年代別のテレビのリアルタイム視聴について、次のように指摘している。

年代が上がるにつれ、視聴時間が長い人の割合が高くなる。「5時間以上」は男女とも70歳以上で約4割、60代で約3割である。一方、50代以下では「5時間以上」も視聴する人は少ないが、〝短時間（「2時間ぐらい」以下）〟ではあるが視聴している人たちが多い。例えば女若年層では約7割が〝短時間〟視聴し、特に「1時間ぐらい」（32％）が全体より高い。

男若年層でも〝短時間〟が約6割存在する。（註21）

テレビ好きであるその世代は、長時間リアルタイム視聴をしている傾向にある。また、その世代は、同時に雑誌世代でもある。

1959年に初めての少年向け週刊誌である『少年マガジン』（講談社）と『少年サンデー』（小学館）が創刊した（註22）。1970年には『an・an（アンアン）』、1976年には『POPEYE（ポパイ）』（ともに平凡出版、現・マガジンハウス）が創刊している。まさにテレビ、雑誌とともに生きてきた世代であり、テレビを見るための雑誌であるテレビ情報誌は、この世代に支えられてきたともいえる。テレビ情報誌の存在理由とは、この世代にとっての存在価値といえるのかもしれない。

（註1）関東地区の地上波は1964年12月1日の東京12チャンネル開局によって7チャンネルとなった。チャンネルの内訳は、①NHK総合、③NHK教育テレビ、④日本テレビ、⑥TBSテレビ、⑧フジテレビ、⑩NETテレビ、⑫東京12チャンネルであった。

（註2）朝日新聞、2021年12月27日付

（註3）日本雑誌協会『マガジンデータ』より印刷証明付部数を参照して作成。『月刊TVガイド』の2010年のデータは、前身である『TV Japan』のデータを使用した。

（註4）田原隆、入江たのし、兼高聖雄、日比俊久「『テレビ番組』あっての情報誌 それ以上でもそれ以下でもない！」『GALAC』2003年7月号（放送批評懇談会、2003年）p.40

（註5）日本雑誌協会https://www.j-magazine.or.jp/user/printed2/index（2023年9月25日閲覧）

（註6）『月刊メディア・データ』2023年6月特大号「一般雑誌レート&データ版」（ビルコム、2023年）を参照した。

（註7）1999年にインタラクティブ・プログラム・ガイドとして設立、電子番組表Gガイド等のサービスを行っている。

（註8）『調査情報』編集部「テレビ昨日・今日・明日」特集「2010年日本人とテレビ」『調査情報』2010年1・2月号、492号（TBSテレビ、2010年）2頁

（註9）藤原功達・伊藤守「生活世界とテレビ視聴」田中義久・小川文弥編『テレビと日本人 「テレビ50年」と生活・文化・意識』（法政大学出版局、2005年）35頁

（註10）市川哲夫「特集 日本人とテレビ」（編集後記）『中央評論』第310号（中央大学出版部、2020年）124頁

（註11）今野勉『テレビの青春』（NTT出版、2009年）によれば、今野は1959年にラジオ東京テレビ（現・TBSテレビ）に入社した。「テレビ放送が始まって六年、日本のテレビ界は誕生から幼年期を経て、少年期から青年期へと急速に移ろうとしていた。私は二三歳、テレビの青春と自分の青春が重なり合うまたとない僥倖に恵まれたのだ。」（3頁）と記している。

（註12）小林信彦『テレビの黄金時代』（文藝春秋、2002年）によれば、黄金時代の始まりは1961年から62年あたりで、「〈黄金時代〉の終りはいつかと考えると、一九七二、三年と考えてよいと思われる。」（347頁）としている。

（註13）NHKサービスセンター『放送80年それはラジオから始まった』（NHKサービスセンター、2005年）56頁—57頁

（註14）佐藤卓己『現代メディア史』（岩波書店、1998年）204頁

（註15）朝日新聞1991年12月21日付（3頁）

（註16）朝日新聞1992年7月9日付（29頁）

（註17）斉藤孝信、平田明裕、内堀諒太「多メディア時代における人々のメディア利用と意識〜「全国メディア意識世論調査・2020」の結果から〜」『放送研究と調査』2021年9月号（NHK出版、2021年）2頁

（註18）前掲書、3頁

（註19）2022年はテレビが1兆8019億円に対して、ネットは3兆912億円であった。

（註20）電通 2022年日本の広告費https://www.dentsu.co.jp/news/release/2023/0224-010586.html（2023年9月14日閲覧）およびネット上で公開されている過去データを参照。

（註21）斉藤孝信、平田明裕、内堀諒太「多メディア時代における人々のメディア利用と意識〜「全国メディア意識世論調査・2020」の結果から〜」『放送研究と調査』2021年9月号（NHK出版、2021年）9頁

（註22）大野茂『サンデーとマガジン 創刊と死闘の15年』（光文社、2009年）

終章

メディアに寄り添うメディアとして

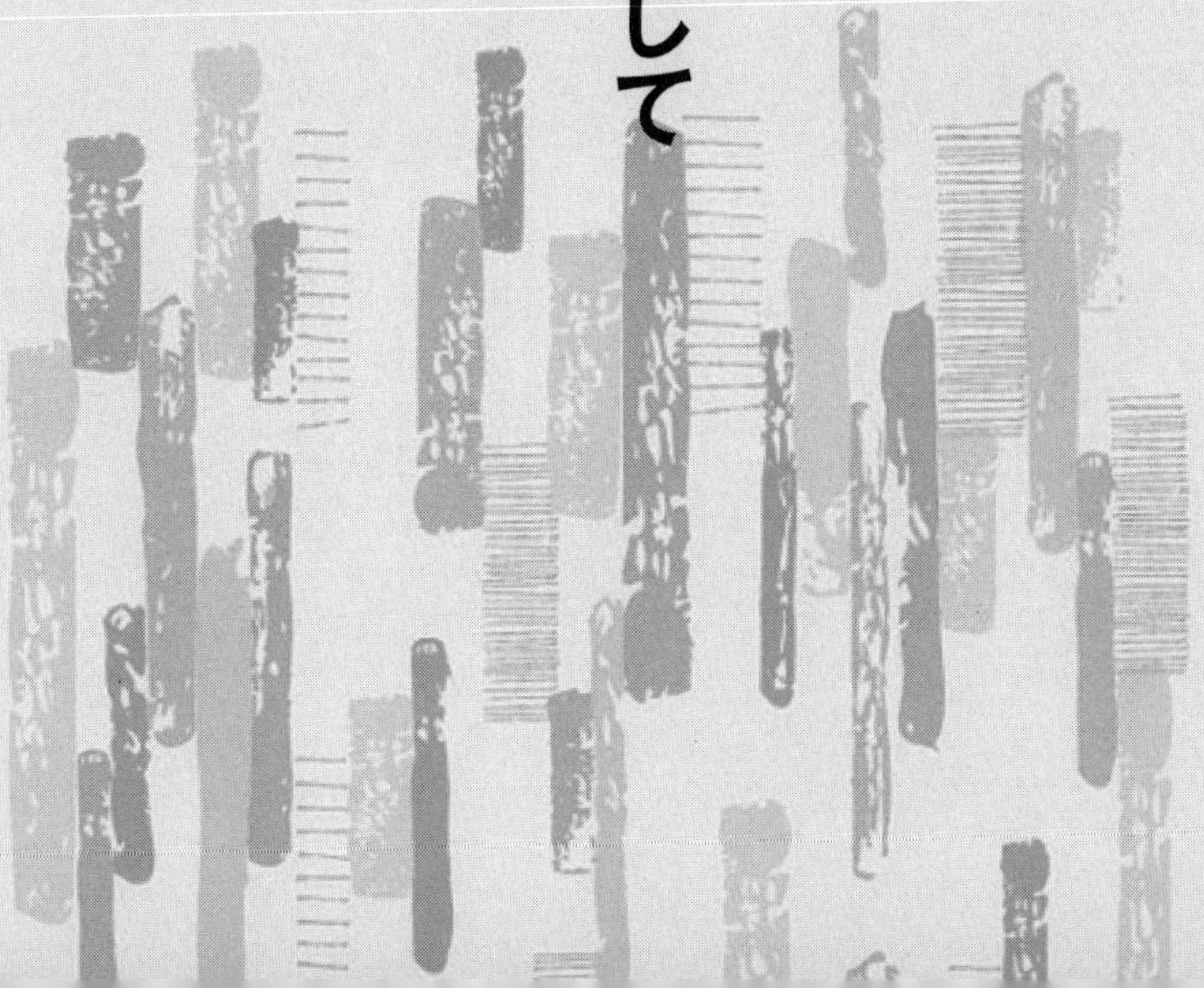

メディアとは何か

テレビ情報誌は、テレビという放送メディアとともに成長してきた雑誌メディアである。それは、テレビ情報誌それ自体がメディアでありながら、テレビというメディアの存在なしには成立しないメディアということを意味しており、その誕生から今日まで、常にテレビというメディアに寄り添って成長してきた。

メディアとはラテン語の「メディウム（Medium）」の複数形「メディア（Media）」である。「あいだ、中間」という意味であり、「あいだに入るもの、中間にくるもの」「媒介や媒体」という意味になる（註1）。図14で示したように、送り手から受け手の間を媒介するものを指し、マス・コミュニケーションの媒体がマス・メディアである。一般的にメディアというと、新聞やテレビなどのマス・メディアを指すことが多い。

メディアは何らかの情報（コンテンツ）を伝えている。コンテンツがメディアに載って受け手に伝わっていく形を図で示すと、図15のように表すことができる。

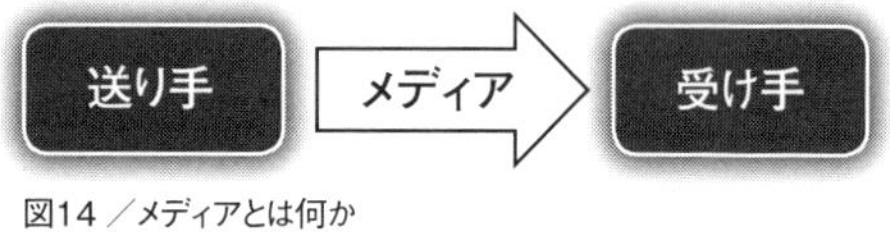

図14／メディアとは何か

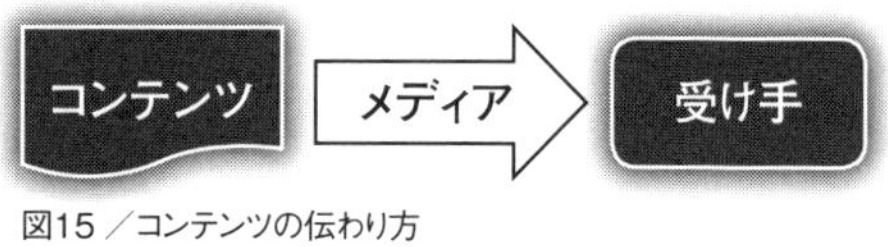

図15／コンテンツの伝わり方

メディアが、あるコンテンツを受け手に伝えるための媒体であるとすれば、メディアに寄り添うメディアとは、その媒体をさらに媒介するものと考えられ、図16のように表される。コンテンツを媒介するメディアを、さらに媒介するメディアというモデルであり、この形が「メディアに寄り添うメディア」と考える。

かつて『週刊読書人』編集長（当時）の植田康夫は、1983年にプリントメディアには「メディアのメディア」としての課題があると指摘している。

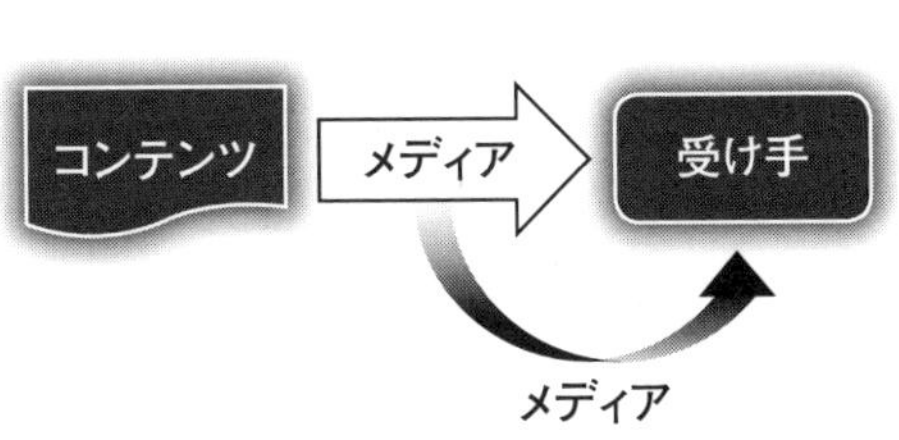

図16／メディアに寄り添うメディア

その課題とは、メタ・メディア、すなわちメディアのメディアという機能を出版物が果たすということである。では、メディアのメディアとは、いったい何かというと、これは、新しく登場してくるメディアに対して、出版物が検索とガイドの媒体になるということである。

その一つの例は、「TVガイド」などのテレビ番組情報誌があるが、このテレビ番組情報誌のような媒体が、今後出現するニューメディアに対しても必要となってくる。その場合、メディアの検索とガイドの機能を果たし得るのは、再生装置を必要としないプリントメディア以外になく、そのプリントメディアの中でも、出版物は冊子という形態のメリットを生かして、有力なメタ・メディアとなる（註2）。

植田は、それを「新聞にテレビ番組欄がありながら、なおテレビ番組情報誌が普及し得た要因はここにある」としている。ネット時代になる前の論考だが、プリントメディアの特性を言い当てており、まさにメディアに寄り添うメディアとしての存在価値を指摘している。

テレビ視聴とテレビ情報誌の関係

マーシャル・マクルーハンの定義によれば、メディアは「人間の拡張したもの」（註3）であり、メディアとはいわゆるマス・メディアだけを指すものではなく、住宅や時計、自動車等、ありとあらゆるものが〝媒介するもの＝メディア〟とされている（註4）。吉見俊哉も『カルチュラル・ターン、文化の政治学へ』において、「新聞やテレビ、電話、コンピュータなど、私たちの周囲の情報技術だけがメディアなのではない。」（註5）とし、「メディアは媒介であり、経験であり、言葉であり、意味生成の場であり、身体とテクノロジー、資本との間に結ばれるパフォーマンスである。」（註6）としている。つまり、我々を取り巻くありとあらゆるものが「メディア」であると考えてよいだろう。

メディアに寄り添う雑誌メディアとしては、たとえば、鉄道をメディアと考えれば『時刻表』もそれにあたるであろう。映画というメディアには映画雑誌、住宅をメディアと考えれば住宅情報誌、自動車をメディアとすれば自動車専門誌等、あらゆるメディアに寄り添うメディアが存在していることとなる。

映画雑誌を例に取ると、映画というメディアに寄り添って、映像メディアを活字メディアで論じている。映画雑誌の読者の多くは、映画を観に行く前に、その観どころ等を映画雑誌で予習してから映画館に行くことが多い。ここでいう「映画」を「テレビ」に置き換えれば、テレビ情報誌の読者も同様のスタイルといってよい。しかし、映画雑誌とテレビ情報誌が決定的に異なるのは、番組表の存在である。映画雑誌には、たとえばどこの映画館で公開される予定であるといった大枠の情報は掲載されていても、その映画館で何時から観ることが可能かといった詳細な番組情報までは網羅されてはいない。そんな映画館の番組情報を掲載して成功した雑誌が、1972年に創刊した『ぴあ』であった。ただし、『ぴあ』は「編集部が情報に色をつけない。どんな情報も平等に扱う。」（註7）ということをコンセプトとしていたので、いわゆる「映画を論じる」といったこれまでの映画雑誌とは異なり、あくまでも情報のみを提供する〝情報誌〟に徹していた。テレビ情報誌も、テレビ番組の見どころやあらすじなどを載せてはいるが、現在ではテレビ番組に関する論評といったものはほとんど載っていない。あくまでも番組情報のみを提供して、

「何を見るかを選ぶのは読者」というスタンスであり、それが〝情報誌〟という雑誌ジャンルの特徴と言ってもよいだろう。

図17は、テレビ視聴とテレビ情報誌の関係を示したものである。テレビ情報誌の読者は、同時にテレビの視聴者でもある。しかしながら、必ずしもテレビ情報誌などを読まなくてもテレビの視聴はできる。テレビ情報誌の読者は、より深くテレビを視聴するために、敢えてテレビ情報誌を読むのである。いわば、テレビ情報誌がテレビ視聴という行為を組織化しているともいえる。

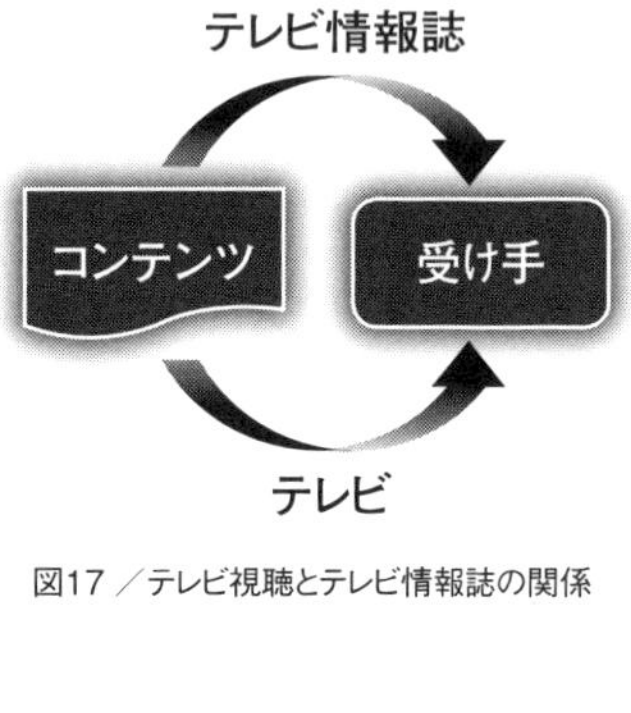

図17／テレビ視聴とテレビ情報誌の関係

テレビというマス・メディアをより深く楽しむために、テレビ情報誌という小さなメディアを読む。その読者たちは序章でも述べたように、「テレビウォッチャーとしてのエリート」といってもよいであろう。このケースは、映画や音楽にもあてはまる。映画や音楽も、情報誌や専門誌を読まなくてもそのまま楽しめるものであるが、敢えて映画雑誌や音楽雑誌を読んでいる読者は、やはりそのジャンルにおけるエリート層といえるだろう。

しかし、テレビ情報誌の読者と、映画雑誌や音楽雑誌の読者との大きな違いは、テレビ放送には時間の縛りが存在するということだ。映画は映画館で、上映期間内であれば繰り返し上映される。音楽もコンサートに関しては一期一会のライブではあるが、音楽それ自体はレコードやＣＤ

等の記録メディアによって何度も楽しむことができる。たとえば映画雑誌や音楽雑誌は、映画を観たあと、あるいは音楽を聴いたあとに、評論に触れることも考えられる。しかし、テレビ放送は、一部再放送される番組もあるが、ビデオ録画が一般化する時代になるまでは、放送される時間にテレビの前にいる必要があった。そこで大きな道標の役目を果たしていたのが、番組表ということになる。

また、リモコンが一般化するまでは、いわゆるザッピングというかたちでのテレビ視聴は容易ではなく、多くの視聴者はあらかじめ何を見るかを決めてテレビ視聴に臨んでいた。より能動的にテレビを見ようとする人たちは、テレビ情報誌によって向こう1週間の視聴計画を立て、日々の生活もそれに沿って行動していたとも考えられる。テレビ情報誌を読んだ上でのテレビ視聴と、何にも頼らずただ漫然とテレビを視聴するということには、同じテレビ視聴でも大きな違いがあるということである。

テレビとともに存在するテレビ情報誌

テレビに寄り添うメディアの存在価値において重要なことは、つまるところテレビの存在自体ということになる。テレビ文化が衰退してもテレビ情報誌だけが生き残っているということは考えられない。やはり、テレビとテレビ情報誌は一心同体の関係である。

前述したように、映画や音楽と異なり、テレビだけが時間の縛りがある。しかし、インターネットの時代になりテレビの見方が変化してくると、その時間の縛り自体も消滅する可能性がある。たとえば、ＴＶｅｒで番組を1週間視聴することができるとすれば、番組表は本放送のときにだけ有効なものに過ぎない。あるいは、Ａｍａｚｏｎ Ｐｒｉｍｅ Ｖｉｄｅｏ、Ｎｅｔｆｌｉｘ、Ｄｉｓｎｅｙ＋、Ｈｕｌｕ、Ｕ－ＮＥＸＴなどといった動画配信サービスでの視聴が主となれば、（それを「テレビ」と呼ぶかどうかは別として）、「今そこで何が見られるのか」が一覧となったガイドがほしくなる。それは雑誌形式なのか、電子媒体になるのかはわからないが、近い将来、テレビ情報誌のありようも大きく変化してくることは容易に想像できる。

メディアに寄り添うメディアであるテレビ情報誌は、今後もそこにテレビがある限り存在し続けるはずである。ラジオの時代からテレビの時代になってもラジオがなくならなかったように（註8）、ネットの時代になってもテレビがなくなることはないだろう。しかしながら、テレビの形が大きく変わっていく可能性はある。

テレビ情報誌は、それを支えてきた「テレビウォッチャーとしてのエリート」とともに、今後は現在よりも小さなメディアとなって存続していくことが考えられる。ひとまわり小さなメディアとなって、かつての「テレビっ子」世代に代わる新しい世代を獲得していくことが課題と言える。

テレビ情報誌は、今後も寄り添うべきメディアであるテレビの動きを注視しながら、したたかに発行を続けていくことだろう。

（註1）有馬哲夫『有馬哲夫教授の早大講義録 世界の仕組みが見える「メディア論」』（宝島社、2007年）14頁
（註2）植田康夫「出版文化はどこへゆく」『國文學 解釈と教材の研究』8月臨時増刊号、第28巻11号（學燈社、1983年）18頁
（註3）マクルーハン、マーシャル（McLuhan.M）／栗原裕、河本仲聖訳『メディア論 人間の拡張の諸相』（みすず書房、1987年）6頁
（註4）前掲書
（註5）吉見俊哉『カルチュラル・ターン、文化の政治学へ』（人文書院、2003年）374頁
（註6）前掲書、374頁
（註7）掛尾良夫『「ぴあ」の時代』（キネマ旬報社、2011年）67頁
（註8）ラジオは2010年よりインターネットのサイマル配信サービスであるradiko（ラジコ）を始めており、タイムフリー機能やエリアフリー機能で一定の成果を上げている。

あとがき

1960年に生まれた私にとって、テレビは子どもの頃から常に生活の中心だった。その傍らにいつも寄り添ってきたのがテレビ情報誌である。しかし、その存在を知ってはいたが、実はそんなに熱心な読者ではなかった。やはり、せいぜい年末年始に眺める程度であったと思う。そんな私が縁あってテレビ情報誌を発行する出版社に入社し、その作り手となってみると、毎週本当にたくさんの人が購入してくれているということに驚いた。

時は流れて、世の中は〝テレビ離れ〟などと言われるようになった。しかし、変わらずテレビ情報誌は発行され続けている。この不思議な魅力を持った雑誌を研究してみたいと思ったことが本書をまとめるきっかけである。

本書は2022年3月に東京経済大学に提出した博士論文「テレビ情報誌―メディアに寄り添うメディアとしての存在価値」がもとになっている。また、内容の一部はすでに発表したものを再構成している。初出は以下の通りである。

・「テレビ番組表の誕生と発展―テレビ番組表とは何か」(東京経済大学コミュニケーション学会『コミュニケーション科学』第58号、243〜260頁)から序章、第1章、第6章。

・「番組表のその先へ―テレビ情報誌の歴史と現在」（日本出版学会『出版研究』第51号、83～100頁）から序章、第1章、第7章。
・「若者雑誌を志向していた隔週刊テレビ情報誌の時代」（『コミュニケーション科学』第54号、87～106頁）から第3章、第4章。
・「月刊テレビ情報誌の時代」（『コミュニケーション科学』第55号、125～139頁）から第5章。

以上を加筆修正し、そのほかは博士論文のために書き下ろしたものに加筆修正を加え、さらに今回新たに書き下ろしたものを追加した。

博士論文執筆にあたっては、指導教員をお引き受けいただいた東京経済大学大学院コミュニケーション学研究科の山田晴通先生に大変お世話になった。先生は私の本当に取るに足らないような質問にも、ひとつひとつ丁寧にお答えくださり、そのおかげでなんとか最後まで書き上げることができた。きめ細かくご指導いただいたことに感謝している。論文審査では、田村和人先生と松永智子先生に、さまざまなご助言をいただいた。また、駒橋恵子先生には、論文の書き方について細かなご指導をいただいた。先生方にあらためて感謝申し上げたい。

書籍化にあたっては、テレビ情報誌についての内容なので、まずはテレビ情報誌のパイオニアであり古巣でもある東京ニュース通信社に相談してみようと思い、旧知の影山伴巳さんに原稿をお預けした。影山さんからは「この論文のままでは書籍化は難しいが、新たにインタビュー等を加えて一般書の形にできるなら可能性はあると思う」という返答をいただいた。それから、できる限り読みやすく修正し、構成も大幅に変えて、追加取材等を加えて出来上がったのが本書である。

新たな追加インタビューではいろいろな方々にお世話になった。最初にお話を伺ったのは東京ニュース通信社の奥山忠相談役である。奥山相談役には論文執筆時にもお話を伺っており、ここでは書けなかったお話もたくさん伺った。また、会社の大先輩でもあるザテレビジョン創刊メンバーの秋山光次さんと太田修さんには、本当に大変貴重なお話を伺った。やはり実際にお話を伺ってみないとわからないことがたくさんあるということを痛感した。お二人との間をつないでくださった岩崎孝司さん、馬場健治さんにも感謝したい。さらに、かつて取材現場等でお世話になっていた大関雅人さんと久しぶりに再会できたことも大変嬉しかった。大関さんには快く取材に応じてくださり、とても感謝している。

なお、本文中では敬称を略させていただいた。

また、帯文を書いていただいた泉麻人さんにも感謝申し上げたい。初めての単著がこんな幸運に恵まれるとは思ってもみなかった。

全体のデザインとＤＴＰ作業を担当していただいた川尻雄児さんには、いろいろ細かい注文をさせていただき、大変お手数をおかけしたことをあらためて感謝したい。

たくさんの方々にお世話になってできあがった本書だが、やはり一番お世話になったのは編集を担当してくれた中山広美さんである。まさかこういう形で一緒に仕事をすることになるとは思わなかったが、やはり書き手にとって編集者の存在というのは大きいものだと、あらためて実感した。

最後に、いざとなったらなかなか書き出さずふらふらしていた私を、常に叱咤激励してくれた妻にも感謝したい。

これからもテレビとテレビ情報誌の良い関係が、末永く続いていくことを願って。

２０２３年11月

平松恵一郎

引用・参考文献

〈参考文献〉

秋山光次「第1回マガジンデイズ　雑誌のことしか頭になかったあの頃」『トイズアップ！』7号（トイズプレス、2015年）

秋山光次「第3回マガジンデイズ　雑誌のことしか頭になかったあの頃」『トイズアップ！』9号（トイズプレス、2015年）

『朝日イブニングニュース社二十五年の歩み』（朝日イブニングニュース社、1979年）

有馬哲夫『テレビの夢から覚めるまで―アメリカ1950年代テレビ文化社会史』（国文社、1997年）

有馬哲夫『有馬哲夫教授の早大講義録　世界の仕組みが見える「メディア論」』（宝島社，2007年）

安貞美「日本における韓国大衆文化受容―『冬のソナタ』を中心に」『千葉大学人文社会科学研究』第16号（千葉大学大学院人文社会科学研究科、2008年）

飯田みか「韓国ドラマがやってきた」『新・調査情報passingtime』2003年3・4月号、no.40（東京放送　編成局、2003年）

井家上隆幸「ビデオ時代のテレビ情報誌・異聞」『総合ジャーナリズム研究』No.103、'83冬季号（東京社、1983年）

市川哲夫「特集　日本人とテレビ」（編集後記）『中央評論』第310号（中央大学出版部、2020年）

伊藤隆紹「ぴあ参入で第二次テレビ情報誌戦争の幕開け」『創』1987年12月号（創出版、1987年）

入江たのし「FM放送の50年―FMがラジオに与えた影響とこれから」『民放』2020年9月号（日本民間放送連盟、2020年）

岩崎達也『日本テレビの「1秒戦略」』（小学館、2016年）

植田康夫「出版文化はどこへゆく」『國文學　解釈と教材の研究』8月臨時増刊号、第28巻11号（學燈社、1983年）

NHKサービスセンター『放送50年～あの日あの時、そして未来へ～』（NHKサービスセンター、2003年）

ＮＨＫサービスセンター『放送80年それはラジオから始まった』（ＮＨＫサービスセンター、２００５年）
ＮＨＫ放送文化研究所『テレビ視聴の50年』（日本放送出版協会、２００３年）
大野茂『サンデーとマガジン 創刊と死闘の15年』（光文社、２００９年）
岡室美奈子「極私的テレビドラマ史」『大テレビドラマ博覧会―テレビの見る夢』（早稲田大学坪内博士記念演劇博物館、２０１７年）
奥村倫弘「ネットメディア」藤竹暁、竹下俊郎編著『図説 日本のメディア［新版］伝統メディアはネットでどう変わるか』（ＮＨＫ出版、２０１８年）
小田桐誠、前島加世子「４００万部パワー！テレビ情報誌～視聴率を左右する凄腕たち～」「放送文化」１９９９年1月号（日本放送出版協会、１９９９年）
小野耕世「ＴＶガイド」常盤新平、川本三郎、青山南・共同編集『アメリカ雑誌全カタログ』（冬樹社、１９８０年）
温藏茂『ＦＭ雑誌と僕らの80年代『ＦＭステーション』青春記』（河出書房新社、２００９年）
学習研究社50年史編纂委員会『学習研究社50年史』（学習研究社、１９９７年）
掛尾良夫『『ぴあ』の時代』（キネマ旬報社、２０１１年）
金平聖之助「米「ＴＶガイド」の栄光と苦悩」『総合ジャーナリズム研究』ＮＯ．１０３、'83冬季号（東京社、１９８３年）
木村義子、関根智江、行木麻衣「テレビ視聴とメディア利用の現在～「日本人とテレビ・２０１５」調査から～」ＮＨＫ放送文化研究所編『放送研究と調査』２０１５年8月号（ＮＨＫ出版、２０１５年）
吉良俊彦『ターゲット・メディア主義―雑誌礼賛―』（宣伝会議、２００６年）
久保隆志「安定市場のテレビ情報誌に構造変化の波」『創』１９９８年2月号（創出版、１９９８年）
『月刊メディア・データ』２０２３年6月特大号 一般雑誌レート&データ版（ビルコム、２０２３年）
『広報会議』２０１８年1月号（宣伝会議）
小林信彦『テレビの黄金時代』（文藝春秋、２００２年）
今野勉『テレビの青春』（ＮＴＴ出版、２００９年）
斉藤孝信、平田明裕、内堀諒太「多メディア時代における人々のメディア利用と意識～「全国メディア意識世論調査・

２０２０」の結果から～」『放送研究と調査』２０２１年９月号（ＮＨＫ出版、２０２１年）
『財界』２０００年10月24日号（財界研究所）
佐藤卓己『現代メディア史』（岩波書店、１９９８年）
佐藤吉之輔『全てはここから始まる 角川グループは何を目指すか』（角川グループホールディングス、２００７年）
佐藤喜美枝「トレンディ・ドラマとデジタル世代～「若者とテレビドラマ」調査から～」ＮＨＫ放送文化研究所編『放送研究と調査』１９９５年６月号（日本放送出版協会、１９９５年）
佐怒賀三夫「新聞ラジオ・テレビ欄の新しい役割」『総合ジャーナリズム研究』ＮＯ．１０３、'83冬季号（東京社、１９８３年）
島岡哉「『ぴあ』人生を歩くガイドブック」佐藤卓己編『青年と雑誌の黄金時代―若者はなぜそれを読んでいたのか』（岩波書店、２０１５年）
集英社社史編纂室『集英社70年の歴史』（集英社、１９９７年）
週刊ＴＶガイド編集部編『昭和30年代のＴＶガイド 面白時代の面白テレビを紙上再現』（ごま書房、１９８３年）
出版科学研究所『２０１７年版 出版指標年報』（全国出版協会、２０１７年）
小学館総務局社史編纂室『小学館の80年』（小学館、２００４年）
『総合ジャーナリズム研究』ＮＯ．１０３ '83冬季号（東京社、１９８３年）
高橋孝輝「変わりゆく「番組情報ビジネス」最前線」『ＧＡＬＡＣ』２０１２年２月号（放送批評懇談会、２０１２年）
滝田誠一郎『ビッグコミック創刊物語―ナマズの意地』（プレジデント社、２００８年）
滝野俊一「テレビ情報誌の最新動向 なぜ今、月刊誌なのか？」『ＧＡＬＡＣ』２００３年７月号（放送批評懇談会、２００３年）
田原隆、入江たのし、兼高聖雄、日比俊久「「テレビ番組」あっての情報誌 それ以上でもそれ以下でもない！」『ＧＡＬＡＣ』２００３年７月号（放送批評懇談会、２００３年）
津田浩司「一千万部市場、テレビ情報誌のサバイバル戦」『創』１９９５年９月号（創出版、１９９５年）
津田大介『動員の革命 ソーシャルメディアは何を変えたのか』（中央公論新社、２０１２年）
『調査情報』編集部「テレビ昨日・今日・明日」特集「２０１０年日本人とテレビ」『調査情報』２０１０年１・２月号、

492号（TBSテレビ、2010年）
『'07テレビ視聴率・広告の動向―テレビ調査白書』（ビデオリサーチ、2007年）
TVガイドアーカイブチーム・編『プレイバックTVガイド その時、テレビは動いた』（東京ニュース通信社、2021年）
東京ニュース通信社社史編集委員会『東京ニュース通信社の三十年』（東京ニュース通信社、1977年）
東京ニュース通信社広報室『東京ニュース通信社六十年史』（東京ニュース通信社、2007年）
常盤新平「TVガイド *TV Guide*」『アメリカン・マガジンの世紀』（筑摩書房、1986年）
日本ABC協会『雑誌発行社レポート』2019年1～6月（日本ABC協会、2019年）
日本雑誌協会『マガジンデータ2011』（日本雑誌協会、2010年）
日本雑誌協会『マガジンデータ2012』（日本雑誌協会、2011年）
日本雑誌協会『マガジンデータ2013』（日本雑誌協会、2012年）
日本雑誌協会『マガジンデータ2014』（日本雑誌協会、2013年）
日本雑誌協会『マガジンデータ2015』（日本雑誌協会。2014年）
日本雑誌協会『マガジンデータ2016』（日本雑誌協会、2015年）
日本雑誌協会『マガジンデータ2017』（日本雑誌協会、2016年）
日本雑誌協会『マガジンデータ2018』（日本雑誌協会、2017年）
日本雑誌協会『マガジンデータ2019』（日本雑誌協会、2018年）
日本雑誌協会『マガジンデータ2020』（日本雑誌協会、2019年）
日本雑誌協会『マガジンデータ2021』（日本雑誌協会、2020年）
服部孝章、服部研究室「ラジオ・テレビ欄の研究―新聞の機能と役割―」『応用社会学研究』第34号（立教大学社会学部研究室、1992年）
服部孝章「新聞ラ・テ欄の変遷と問題点」『月刊民放』1993年6月号（日本民間放送連盟、1993年）
伴田薫「快適テレビの必須アイテム「TVガイド誌」をモノにする！」『放送文化』2001年12月号（NHK出版、2001年）

平松恵一郎「テレビというビジネスモデルのこれから─民放テレビの現在・過去・未来から考察するメディア論─」『立教ビジネスデザイン研究』第11号（立教大学大学院ビジネスデザイン研究科、２０１４年）
広川峯啓「夢、あふれていた俺たちの時代 昭和62年／『ＴＶ Ｂｒｏｓ．創刊』カルチャー界に吹いた新風 革新的テレビ誌が誕生」『昭和40年男』２０２１年4月号（クレタパブリッシング、２０２１年）
藤原功達・伊藤守「生活世界とテレビ視聴」田中義久・小川文弥編『テレビと日本人「テレビ50年」と生活・文化・意識』（法政大学出版局、２００５年）
藤脇邦夫『定年後の韓国ドラマ』（幻冬舎、２０１６年）
『編集会議』２００３年7月号（宣伝会議、２００３年）
『放送文化』１９９９年1月号（日本放送出版協会、１９９９年）
穂高亜樹『創刊誌大研究』（大陸書房、１９８２年）
『ＰＯＰＥＹＥ（ポパイ）』１９８９年1月4日号ＮＯ．２８４（マガジンハウス）
マクルーハン、マーシャル（McLuhan, M）／栗原裕、河本仲聖訳『メディア論 人間の拡張の諸相』（みすず書房、１９８７年）
松井英光『新テレビ学講義 もっと面白くするための理論と実践』（茉莉花社、２０２０年）
丸山幸子「エアチェックとともに去りぬ」『日経ビジネス』２００1年12月10日号（日経ＢＰ社、２００１年）
溝尻真也「日本におけるミュージックビデオ受容空間の生成過程─エアチェック・マニアの実践を通して─」『ポピュラー音楽研究』Ｖｏｌ．10（日本ポピュラー音楽学会、２００６年）
三矢恵子、重森万紀「新聞のテレビ欄はどう読まれているか～「ラテ欄の利用に関する調査から～」『放送研究と調査』１９９８年7月号（ＮＨＫ出版、１９９８年）
村上聖一、渡辺洋子「放送」藤竹暁、竹下俊郎編著『図説 日本のメディア［新版］伝統メディアはネットでどう変わるか』（ＮＨＫ出版、２０１８年）
メイロウィッツ、ジョシュア（Meyrowitz, J）／安川一、高山啓子、上谷香陽訳『場所感の喪失・上 電子メディアが社会的行動に及ぼす影響』（新曜社、２００３年）
メディア・リサーチ・センター『雑誌新聞総かたろぐ２０１９年版』（メディア・リサーチ・センター、２０１９年）

諸藤絵美、平田明裕、荒牧央「テレビ視聴とメディア利用の現在（1）～「日本人とテレビ・２０１０」調査から～」『放送研究と調査』２０１０年8月号（日本放送出版協会、２０１０年）
山崎浩一『雑誌のカタチ 編集者とデザイナーがつくった夢』（工作舎、２００6年）
山下英愛『女たちの韓流—韓国ドラマを読み解く』（岩波書店、２０１3年）
吉見俊哉『カルチュラル・ターン、文化の政治学へ』（人文書院、２００3年）
李夢迪「テレビ情報誌研究の意義と可能性」『京都メディア史研究年報』第三号（京都大学大学院教育学研究科メディア文化論研究室、２０１7年）
李夢迪「『週刊ＴＶガイド』分析からみる女性視聴行動の変容」『京都メディア史研究年報』第四号（京都大学大学院教育学研究科メディア文化論研究室、２０１8年）
渡辺久哲「多チャンネル時代の新たなる不幸」『ＧＡＬＡＣ』２０１2年2月号（放送批評懇談会、２０１2年）
Altschuler, G. C., & Grossvogel, D. I. (1992) *Changing Channels: America in TV Guide*, University of Illinois Press
Cole, B.G. (1970) *TELEVISION: A Selection of Readings from TV Guide Magazine*, The Free Press
Harris, J. S. (1978) *TV guide, the first 25 years*. Simon and Schuster
※その他、テレビ情報誌各誌を参照した。

〈新聞〉
朝日新聞、１９２5年2月14日付
朝日新聞、１９２5年3月1日付
朝日新聞、１９４7年6月16日付
朝日新聞、１９５3年2月1日付
朝日新聞、１９５3年8月28日付
朝日新聞、１９５9年3月1日付
朝日新聞、１９６1年4月1日付
朝日新聞、１９６2年8月10日付

朝日新聞、１９７９年６月10日付
朝日新聞、１９９１年12月21日付
朝日新聞、１９９２年７月９日付
朝日新聞、２００４年10月31日付（別刷・be・TELEVISION特集）
朝日新聞、２０２０年12月27日付
朝日新聞、２０２１年６月16日付
朝日新聞、２０２１年12月27日付
東京新聞、１９９３年９月17日付夕刊
日経ＭＪ、２００２年10月22日付
日経産業新聞、２００２年７月17日付
読売新聞、１９２５年11月15日付
読売新聞、１９５９年３月31日付
読売新聞、１９５９年４月１日付
読売新聞、１９６３年８月20日付
読売新聞、２０２０年８月31日付

〈インターネット資料〉

アットホーム〝一人暮らしの社会人が幸せに暮らすために必要な住まいの条件〟調査２０２０ https://athome-inc.jp/wp-content/uploads/2020/06/2020062301.pdf（２０２０年11月７日閲覧）
衛星放送協会ホームページ 衛星放送の歴史 https://www.eiseihoso.org/guide/history.html（２０２３年７月19日閲覧）
ＮＨＫウィークリー『ステラ』休刊のお知らせ https://www.nhk-fdn.or.jp/stera/pdf/stera_info_20210831.pdf（２０２３年６月14日閲覧）
『消費動向調査』（２０２１：12、内閣府経済社会総合研究所景気統計部）https://www.esri.cao.go.jp/jp/stat/shouhi/honbun202103.pdf（２０２１年９月６日閲覧）

スカパーJSATについて・沿革 https://www.skyperfectjsat.space/company/history/（2021年7月28日閲覧）
総務省報道資料・統計トピックスNo.126「統計からみた我が国の高齢者」（総務省統計局、2020年9月20日）
https://www.stat.go.jp/data/topics/pdf/topics126.pdf（2021年12月21日閲覧）
電通 2022日本の広告費 https://www.dentsu.co.jp/news/release/2023/0224-010586.html（2023年9月14日閲覧）
TOKYO FM会社案内 https://www.tfm.co.jp/company/profile/index4.html（2021年9月21日閲覧）
内閣府ホームページ・主要耐久消費財等の普及率（平成16（2004）年3月で調査終了した品目）https://www.esri.cao.go.jp/jp/stat/shouhi/shouhi.html（2021年5月19日閲覧）
日本雑誌協会ホームページ https://www.j-magazine.or.jp/user/printed2/index（2023年9月25日閲覧）
日本新聞協会ホームページ 調査データ「新聞の発行部数と世帯数の推移」https://www.pressnet.or.jp/data/circulation/circulation01.php（2023年9月14日閲覧）
ぴあホームページ https://corporate.pia.jp/corp/history/index.html（2021年12月16日閲覧）
ビデオリサーチ週間高世帯視聴率番組 https://www.videor.co.jp/tvrating/past_tvrating/drama/01/post-2.html（2023年7月19日閲覧）
放送サービス高度化推進協会ホームページ https://www.apab.or.jp/bs/station/（2023年12月3日閲覧）
「令和元年度情報通信メディアの利用時間と情報行動に関する調査報告書〈概要〉」https://www.soumu.go.jp/main_content/000708015.pdf（2020年11月7日閲覧）
The New York Times, A Final Episode for the TV Listings https://www.nytimes.com/2020/08/28/insider/TV-listings-ending.html（2020年9月4日閲覧）

平松恵一郎（ひらまつ けいいちろう）
1960年生まれ。東京都出身。東京ニュース通信社において「テレビブロス」「TVガイド」「テレビタロウ」をはじめ、さまざまなテレビ情報誌編集長を歴任。現在は実践女子大学非常勤講師、東洋学園大学兼任講師。2022年、東京経済大学大学院コミュニケーション学研究科博士後期課程修了。博士（コミュニケーション学）。専攻分野はメディア論、ホスピタリティマネジメント。共著書に『ホスピタリティマネジメント―活私利他の理論と事例研究―』（白桃書房）、TVガイドアーカイブチームとして『テレビドラマ オールタイムベスト100』『プレイバックTVガイド その時、テレビは動いた』（ともに東京ニュース通信社）がある。

●デザイン&DTP／川尻雄児（rams）

テレビ情報誌《じょうほうし》のメディア史《し》
―興亡《こうぼう》の歴史《れきし》と未来《みらい》―

第1刷　2023年12月22日

著者　平松恵一郎
発行者　菊地克英
発行　株式会社東京ニュース通信社
〒104-6224 東京都中央区晴海1-8-12
電話 03-6367-8023
発売　株式会社講談社
〒112-8001 東京都文京区音羽2-12-21
電話 03-5395-3606
印刷・製本　株式会社シナノ

ISBN 978-4-06-534189-6